U0289660

国家社科基金艺术学重大项目“中华传统造物艺术体系与设计文献研究”子课题
“泰山学者”艺术学科研究项目
“十三五”国家重点图书出版规划项目
2021 年度国家出版基金项目

中国民艺馆　西南民族服饰

潘鲁生　主编

山东教育出版社
Shandong Education Press
·济南·

图书在版编目（CIP）数据

西南民族服饰 / 潘鲁生主编 . —济南：山东教育出版社，2023.9

（中国民艺馆）

ISBN 978-7-5701-2679-8

Ⅰ . ①西… Ⅱ . ①潘… Ⅲ . ①少数民族—民族服饰—介绍—西南地区 Ⅳ . ① TS941.742.8

中国国家版本馆 CIP 数据核字（2023）第 177241 号

本书图说中所用图片均为中国民艺博物馆实物拍摄。

主　　编 潘鲁生
执行主编 赵　屹
副 主 编 孙美琳　袁　硕　潘镜如

本卷审读 陈姗姗
本卷摄影 李　炎　刘伟光
本卷专论 陈姗姗
本卷图说 曹立瑶
本卷附录 曹立瑶

策　　划 刘东杰
责任编辑 王　燕　闵　婕
责任校对 舒　心
整体设计 袁　硕　辛若颖

ZHONGGUO MINYIGUAN
XINAN MINZU FUSHI
中国民艺馆　西南民族服饰

主管单位：山东出版传媒股份有限公司
出版发行：山东教育出版社
地　　址：济南市二环南路 2066 号领秀城 4 区 1 号　邮编：250001
电　　话：0531-82092660　网址：www.sjs.com.cn
印　　刷：北京雅昌艺术印刷有限公司
开　　本：650 mm × 965 mm　1/8
印　　张：30.5
字　　数：170 千
版　　次：2023 年 9 月第 1 版
印　　次：2023 年 9 月第 1 次印刷
定　　价：498.00 元
（如印装质量有问题，请与印刷厂联系调换）
电　　话：010-80451092

目 录

序 / 六 美在生活 / 七

专论 / 一八 多彩西南 / 一九

图说 / 三二 服装类 / 三三

饰品类 / 一〇四

绣片类 / 一五六

附录 / 二一四

吉祥完满 / 二一五
——中国少数民族传统节日摘录

祥禽瑞物 / 二二一
——中国少数民族吉祥纹饰摘录

匠心独运 / 二二七
——中国少数民族服饰制作工艺摘录

图录 / 二三二

参考文献 / 二三八

序

中国民艺博物馆场景

中国民艺博物馆场景

美在生活

潘鲁生

编纂出版一套《中国民艺馆》丛书，把我几十年来的民艺收藏以图书的形式呈现出来，是对自己民艺研究的一次学术梳理，也是以藏品图集的形式拓展关于民艺的交流空间，记录和呈现一种曾经热闹鲜活如今难免渐行渐远的民间生活，犹如神遇，也是一种缘分。这套大型丛书相较于民艺馆的实物展陈更为系统深入，能更充分地交代一件民艺藏品的所属品类、工艺谱系、历史过往和研究经历，展现实物背后的历史文脉以及隐含其中的无形氛围、生活感受和人生际遇。这套大型丛书以民艺藏品为起点，回溯关于生活日用、装饰审美、风俗习惯和工艺匠作等更广泛深沉的存在，更细致地体会民艺用与美、物与道的关系，并最终回归民艺的生活本身。

生活有大美，民艺是生活的艺术。婴儿呱呱坠地时母亲缝制的虎头鞋、满月时亲友邻里赠予的“百家衣”、年节时窗棂上红火灵透的窗花、出嫁成家时的“十里红妆”，直到故去时尘土火光中纸马跃动化作薄烬轻烟……传统岁月里的一生，是民艺点染串联的记忆、情谊和历史。人生一世，从一无所有走向一无所有，唯有这些温暖的牵挂、生活的浪漫和美好的期待，让人生不荒芜不寂寥，在岁月轮转和生活变迁中给人带来慰藉。从古至今，我们的民族并没有向彼岸世界寻求寄托，而是在现实生活里创造了丰富的吉祥文化以维系情感、寄托希望。人生实苦，生命无常，中华民族世代勤劳，充满生活的热情，在民艺的创造里存续生活的艺术。

我十分庆幸在世间千万行当里能与民艺结缘，这是一块坚实的土地，使我更深刻地感知过往、理解艺术、认识生活。在流水般的日子里，民艺承续着人之常情，即使看起来简单朴素的用具，其中也有岁月的磨砺、艰辛的劳动以及在单调反复中积淀的成熟，众生云集于这个世界。民艺让人感到充实、活得踏实，没有荒废世间际遇所给予的一切。

王朝闻总主编、潘鲁生主编《中国民间美术全集·祭祀编·神像卷》《中国民间美术全集·祭祀编·供品卷》

1983 年，潘鲁生在陕西临潼征集民艺藏品

1984 年，潘鲁生考察山东潍坊风筝制作工艺

1989 年，潘鲁生考察山东曹县桃源集送火神“花供”习俗

1992 年，潘鲁生与日本道具学会专家共同开展田野调查

一、我与民艺有缘

我出生在鲁西南，家乡曹县是座老城，位于黄河故道旁，历史可追溯至夏商，皇天后土，文脉汤汤，有淳厚的民风习俗和丰富多彩的民间文化。我家住在老县城大圩首北街，南街有戏园子，后街是古楼街，街上有不少作坊店铺，每逢集市，扎灯笼、编柳筐、捏面人，好不热闹。家乡受鲁文化影响，尊礼重教，民俗活动非常讲究，大家好热闹，爱排场，但不讲究吃穿，更多的是精神追求。比如人们心里有了念想，精神有了起伏，嗓子就痒，便把唱戏作为抒发情感的一种方式。老家是有名的“戏窝子”，老百姓结婚时唱戏，生孩子时唱戏，老人祝寿时唱戏，祭奠先人时唱戏，喜庆节日请民间的戏班唱戏也很普遍，流行的顺口溜“大嫂在家蒸干粮，锣鼓一响着了忙，灶膛忘了添柴火，饼子贴在门框上”，十分生动形象。我在这样的环境里长大，听戏听得入了迷，深深地沉醉于家乡的文化。一些戏曲题材的剪纸、刺绣、年画、彩灯也是一个装有民间戏文的筐，样样齐全。我奶奶虽不识字，但教我背下《三字经》，她那个夹着鞋样的“福本子”，放的是全家的鞋样子，有花花草草的剪花样、戏文人物、吉祥图案，是百看不厌的图样全书。曹州一带“福本子”的歌谣唱道：“娘家的本（本子），婆家的壳（封面），生的孩子一小窝。娘家的瓤（内容），婆家的壳（外皮），打的粮食没处着。”当年听着有趣，岁月愈长愈感受到其中关于生活的韧性和希望。儿时的记忆里，最难忘的还有家乡的玩具“小孩模”，就是孩子们用胶泥翻模做出各种形象。家乡的河多、坑多、水面多，小孩子玩耍时取水用泥非常方便，小孩模里有神话传说、历史故事、戏曲形象、曲艺杂技、花草植物、飞禽走兽、吉祥图案，还有汉字等，内容十分丰富。比如“武松打虎”的小孩模图画，艺人大胆地将武松形象与虎之身躯合为一体，形与神、力与体高度融合概括，英雄气概表现得淋漓尽致。其中民间语言、艺术张力，以及关于正直、守信、责任的朴素道理，对成长中的孩子来说有莫大影响。它不仅是民间口头文学的插图绘本，也不仅是过去儿童识图、识数、辨色、会意的教材，更是一种民间文化启蒙与传承的精神纽带，人们从中能体会到情感、情义和生活的滋味。我常想，这样的童年生活是丰厚的，故事鲜活，曲韵悠悠，是一种绵长的力量，时时滋养着心灵。

1997 年，潘鲁生与台湾《汉声》杂志社吴美云一行共同开展蓝印花布调研

1997 年，潘鲁生考察山东菏泽民间吹糖人工艺

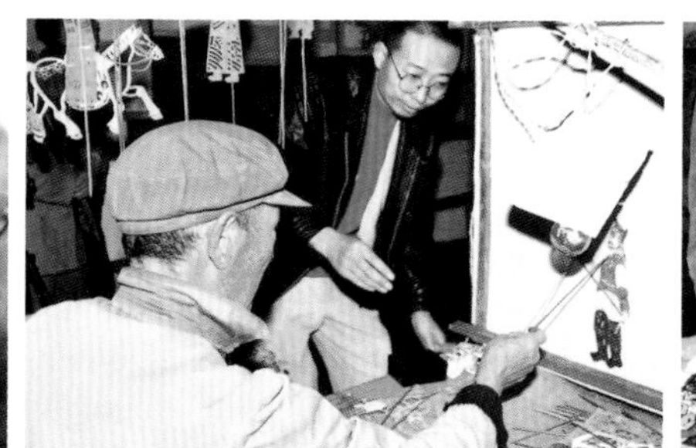

1998 年，潘鲁生在山东沂南考察皮影艺术

1998 年，潘鲁生考察杨家埠年画印制工艺

民艺是一个丰富的生活世界，长于其中更能体会人之常情，在以后的岁月里也更容易触物生情，人生从此烙下了乡土、乡亲、乡情的底色，永远有一种乡愁记忆。

20 世纪 70 年代末，我在县城工艺公司当学徒，做过羽毛画、玻璃画，画过屏风、册页。1979 年谷雨时节，我在菏泽工艺美术培训班有幸跟随俞致贞、康师尧等先生学习传统绘画，这也是我从艺求学的一个起点。传统图案的构成法则和装饰趣味与家乡的风土人情水乳交融，这一切令我痴迷。记得鲁迅先生说，老百姓看年画是“先知道故事，后看画”，熟知了神话、传说、戏曲、民歌后才以年画、剪纸等视觉形象装点生活。我在鲁西南的乡土长大，少年时有机会学习家乡的手艺，也在生活体验中耳濡目染地学了不少东西。

此后十余年，我踏上了从艺求学之路，从考取山东省工艺美术学校，到赴中国艺术研究院、南京艺术学院求学深造，我在民艺研究上找到了自己的专业追求。其间，我跟随王朝闻、邓福星等先生做资料员，师从张道一先生学习民艺理论，跟随张仃、孙长林等先生体会艺术的传承出新之道。受到美术史论和学科视野的影响，我将民艺作为我们民族文化史、生活史的一部分，作为我们民族文化艺术中带有原发性和基础性的组成部分，加以认识和研究，希望进一步建立起合乎客观实际的研究架构，疏浚源流，厘清脉络，从人民群众自发的艺术创造中找出艺术上的规律，同时进一步探究民艺与民俗以及诸多姊妹艺术的关系。在这个过程里，我养成了行走田野调研的治学和生活方式，也不断在创作中自觉取法，渴望从民间艺术里学习借鉴、汲取营养，可以说是黾勉而行，乐在其中，受益良多。

潘鲁生著《民艺学论纲》（上图）
潘鲁生主编《中国民艺采风录》（下图）

在中国艺术研究院学习期间，王朝闻先生的美学观和美术史观启发我从更开阔的文化和美术源流看待民艺，帮助我形成了系统的研究思维和视野，也更加坚定了我民艺研究的志向。其时，王朝闻先生不仅在他主编的《中国美术史》中将民间美术收录为专题，作为研究对象，而且从美学意义上强调民间艺术是民间文化形态和民众生活审美心理不断积淀并相互渗透的产物，与西方艺术相比有自身的形式规律和生活基础，在研究的方法论上也应多维贯通。此后，我有幸参与了王朝闻先生主持的整理分类等学术活动，进一步深化了对中国民间美术的发生发展脉络、基本面貌、美学精神和文化特

2001 年，潘鲁生考察山东沂源农家针线活儿

2002 年，潘鲁生考察山东菏泽农村民间生活方式

2006 年，潘鲁生考察位于大阪的日本民艺馆

2006 年，潘鲁生考察新疆民间手工艺

征的研究与探索。回想起来，我很感念这段求学和工作的经历。当时正逢“美术新潮”兴起，一些迷茫者失去了文化自信，也有不少人放弃事业下海经商。王朝闻先生一直鼓励我坚守，他在 1988 年给我的题词中写道：“任何事物都有两面性，不能因为实际生活中存在两面派而否定这合理的两面性。企图把铁棒磨成绣花针的行为，岂不也有值得肯定和否定的两面？艰苦奋斗的精神体现于磨针的傻劲，这样的傻劲值得肯定。热爱民间美术的潘鲁生君探求它的艺术规律和我不惜啃桌子消耗生命的傻行同调。他的来日方长，对民间美术的痴情定能得到更可喜的报答。”作为一个蹲守乡村田野的民艺研究者，我是幸运的，没有动摇过求艺的初衷，没有放弃对民艺的追求，一路走来十分充实。对我来说，民艺是物，也是事，是文化的生态和生活的网络。先生们的鼓励赋予我坚定的动力，此后，我行走田野，不间断地调研，记录和整理了百余项濒临灭绝的民间手工技艺，也提出了民间文化生态保护计划，希望尽可能地留存民艺，续传文化的薪火。

记得在南京艺术学院攻读博士学位时，导师张道一先生以“中国民艺学论纲”作为我的学位论文选题，希望把民间文艺的经验转化为学理，梳理出民间文艺的知识谱系，建构中国的民艺学科。张道一先生教导我们要建立学科意识，也一点一滴地传授给我们治学的理念和方法。他回忆陈之佛先生的嘱咐——“搞史论不要离开实践，一旦与实践脱离，许多问题不但看不出，也吃不透”，还有钟敬文先生的叮嘱——“要把民艺‘吃透’，不能停留在表面的艺术处理”。他说：“民间艺术是通俗的，语言质朴，平中出奇而清新刚健，绝无矫揉造作，形式上的刀斧痕却显出大巧若拙的特色。但是并非所有的通俗艺术都是民间艺术，也不是所有的民间艺术都属上乘。研究须要识别，有识别才能上升，如果真伪不辨，良莠不分，是很难进入更高的境界的。”至今我常常重读张道一先生对我博士学位论文所写的寄语：“任何学问都有开头，任何研究都是从分别到整合。民间艺术的研究从近处说已经过了几代人，鲁生君可说是后来者；不同的是他对民间艺术做了全方位的观照和综合的论述，在民艺学的建设上做出了自己应有的贡献。真正的奉献者是不计较

2009 年，潘鲁生考察澳门博物馆传统工艺展览

2014 年，潘鲁生与英国人类学家雷顿一起调研日照农民画

2015 年，潘鲁生考察云南大理挖色镇白族大成村民俗活动

2017 年，潘鲁生考察广东潮州民间节庆活动

2018 年，潘鲁生考察内蒙古和林格尔县舍必崖乡民间剪纸

社会的酬劳和名次的。我希望他继续躬行于兹，成为在这块园地上耕耘的坚强者；既要坚强地做下去，又要坚强地站起来。虽然在当前的世风面前它显得有些软弱，甚至被冷落，但我坚信，这是中华民族文化发展的需要，也将是民族的光荣。”这几十年，研究中国的民艺学和手艺学，成为我的学术目标和使命。调研工作是艰苦的，探究事理更需有严格的科学态度，既要把根扎在田野，还要由表及里、综合分析，把规律事理学深悟透。如张道一先生所言，“既然社会关系像一个蛛网，互相牵动着，民间艺术处在社会的底层，也必然有它的复杂性，有些问题仅仅用艺术的某些观点是难以解决的”。研究民艺需要更开阔的视野、更全面的思考和探索，对我来说，它已不只是志趣，更是一种人生的使命。

在山东工艺美术学院教学的三十多年，我一直不离“民艺”这个主题。一方面，民艺是中华民族的母体艺术，不仅是艺术之源，也是艺术之流，是我们民族民间文化的种子库。我们的艺术教育特别是工艺美术教育离不开这个“基础”和“矿藏”。另一方面，民艺是中华民族的创造，是为包括衣食住行、生产劳动、人生礼仪、节日风俗、信仰禁忌和艺术生活在内的自身社会生活需要而创造的，绝大多数同实际应用相结合，工艺在其中占有相当比重，工艺美术教育要守住这支造物文脉。其间，在诸位先生的关心和指导下，我们在工艺美术学院的教学和科研中突出民艺特色，较早将民艺教学引入了大学课堂。今天，在反思艺术教育普遍存在的问题时，我认为非常重要的一点仍在于文化自信和文化传承。艺术的内涵和形态有民族文化作为基础，应该表征我们民族文化群体的感情气质和民族精神，反映我们民族本元文化的哲学精神，具有自身的造型体系和色彩体系。不知己焉知彼，不了解历史传统也难以把握当下和未来。我们的高等艺术教育不能完全仿效西方，民间艺术贯通于数千年的历史长河，体现民族文化传统的延续性，在某种程度上成为文化传统的“活化石”，成为艺术教育体系的有机组成部分。

我与民艺有缘，从求学到教学，从书斋到田野，希望自己下得苦功夫，做些深入的研究和探索。

潘鲁生主编《民间文化生态调查》

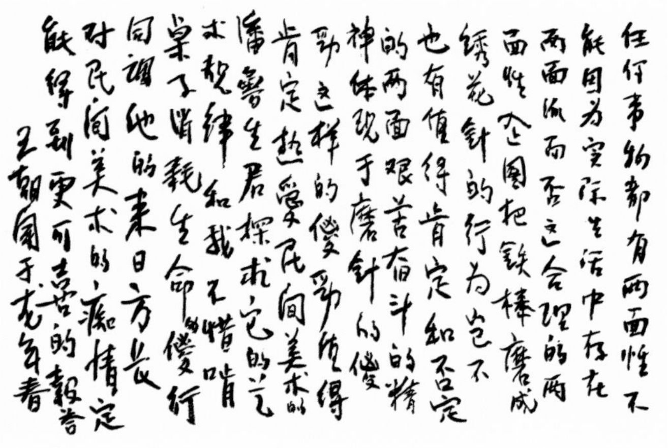

著名美学家王朝闻为潘鲁生题词

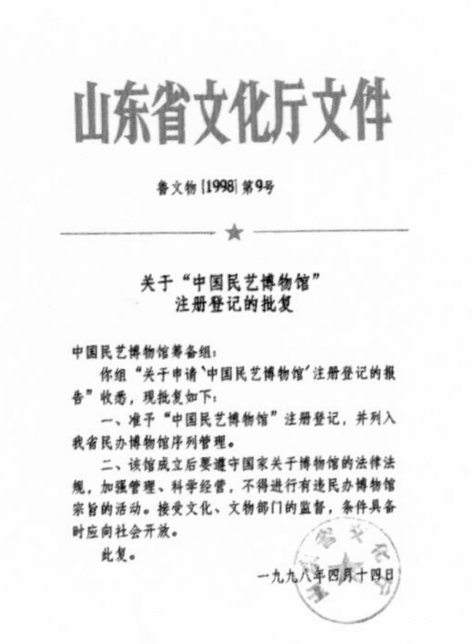

山东省文化厅文件

鲁文物〔1998〕第9号

关于“中国民艺博物馆”
注册登记的批复

中国民艺博物馆筹备组：

你组“关于申请‘中国民艺博物馆’注册登记的报告”收悉，现批复如下：

一、准予“中国民艺博物馆”注册登记，并列入我省民办博物馆序列管理。

二、该馆成立后要遵守国家关于博物馆的法律法规，加强管理、科学经营，不得进行有违民办博物馆宗旨的活动。接受文化、文物部门的监督，条件具备时应向社会开放。

此复。

一九九八年四月十四日

1998 年，“中国民艺博物馆”
由山东省文化厅批复成立

二、创建民艺馆是我的梦想

从 20 世纪 80 年代初开始行走田野、采风调研至今，转眼已三十多年过去了，在社会发展和文化转型的大背景下，我目睹了传统村落的变迁，也结识了不少民间艺人。在乡间，在街巷，在作坊，与年迈的老艺人聊聊手艺活儿，听听民间艺人拉呱的乡音，已成为我生活的一部分。在热闹的年集上，在农家的婚丧大礼上，尤其能感受到民间艺术的厚重鲜活，也常常在人走歌息、人亡艺绝的现实里感到无奈和哀伤。所以，收藏民艺不只是搜集民艺研究的第一手资料，也是守护一种生活图景、生活方式和生活记忆。那些年画花纸、门神纸马、剪纸皮影、陶瓷器皿、雕刻彩塑、印染织绣、编织扎作、儿童玩具等，不只是物件本身，更是交相辉映的生活乐章，陈设点染间，留下的是昔日生活的气息。那由八仙桌、条几、座屏、座钟、中堂画、对联、花瓶、靠背椅等组成的堂屋，端正有序，民艺民具组合而成的是传统的时空格局、礼仪秩序和生活氛围。还有北方炕头上木版刷印的年画，纸糊窗格上的剪纸窗花，妇女的挑花刺绣，孩子们的虎头鞋、长命锁、新肚兜等，演绎着乡土生活。生活是民艺生成的土壤，也是我们认识和思考民艺价值的出发点。民艺里有民族的生活史，不像史书典籍那样有宏大的主题，不以精英经典为代表，汇集的是寻常日子里的生活源流。婚丧嫁娶、针头线脑、锅碗瓢盆、悲喜交加，是芸芸众生的生活本身，循着这些老物件能够看到过去岁月里百姓的心灵与生活。

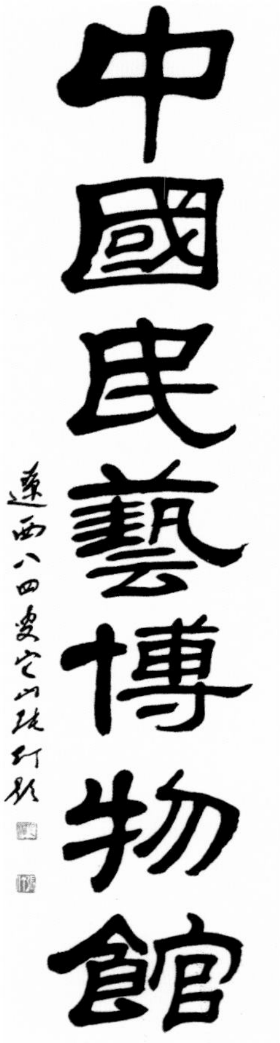

中央工艺美术学院院长张仃为“中国民艺博物馆”题写馆名

在社会和文化转型的背景下，收藏民艺也是给千千万万寂寂无闻的民间艺人留下文化的档案。这三十多年来，我收藏了不少民间服饰，有嫁衣盛装，也有平常日子里的服饰，它们的款式、用料、拼布、挑花、绣花、镶边、扣襻等，多种多样，有着独特的地方风情和艺术个性。还有那些木桶、竹篮、木刨、风箱，往往是陈旧的甚至粗糙的，但里面蕴含着劳动人民的巧思和意匠之美。张道一先生在为《民艺学论纲》题写的序言中曾感慨，有些农村妇女的“女红”相当出色，可是她们并不认为这就是艺术，因为在她们手中的“针

中国民艺博物馆场景

中国民艺博物馆场景

2000年元旦，千禧年第一天，中国民艺博物馆（青岛馆）开馆仪式在全国青少年青岛活动营地举行

线活儿”就是她们生活的一部分。在她们看来，为孩子做鞋做帽，缝纫刺绣，为装点生活环境，剪纸贴花，为老人长寿祝福，蒸作面塑，都是理所当然的事。“这种自发、自作、自给、自用、自娱的艺术创造，最能说明艺术与人生的关系。”当这些自然而然的传承与创造逐渐从日常生活中退出，人们也许热衷于从所谓“国际时尚”中建立一种生活定位。民艺收藏既是无奈之举，也是为昔日生活艺术的创造者立档存志，是集体的、无名的，却是真实存在的，不应被新的潮流湮没，要留下它的脉络和踪迹。

带着田野采风调研的收获，我终于在20世纪90年代建起了民艺博物馆，将行走田野收藏的民间生活器用和工艺品向公众展示，有农耕时代不同地域的生产用具、交通工具、服装饰品、起居陈设、饮食厨炊以及游艺娱玩器用等几十个品类的老物件，存录了中国传统民间的生活方式和文化档案。1998年，中国民艺博物馆正式注册，成为山东省首家注册的公益性博物馆。张仃先生为民艺馆题写了馆名。我相信，这些老物件、老手艺不只是沉睡封存的档案，而是有生命、有生活的民间智慧，这些文化种子是民间文化的宝物，必将繁衍出新的文化生命，活在老百姓的生活之中。

向公众展示一个大美的民艺世界是我一直以来的愿望，走进博物馆并不是民艺的最终归宿。这些民间的日用之美不应被机械工业、市场商品等怒潮消解和吞噬，不应仅带着斑驳的时间旧痕陈列在博物馆的玻璃箱里。民艺馆建设只是一个起点，还要通过中国传统民艺的实物文献收集和生活还原展示，进一步展开更深入的宣传、教育和研究。因此，中国民艺博物馆也是一个面向社会的大课堂和研究基地，建馆以来不仅接待了国内外专家学者、青少年学生及社会各界人士数十万人次，也成为传统工艺传承、弘扬、创新与衍生的平台。我们组建了学术团队开展中国民艺学理论研究和田野调研，在20世纪90年代初就提出了“民间文化生态保护”理念，组织实施了“民间文化生态保护计划”，21世纪以来开展了历时十年的“手艺农村调研”，并在

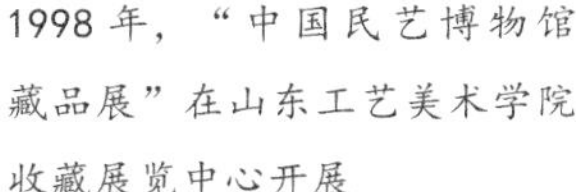

1998年，“中国民艺博物馆藏品展”在山东工艺美术学院收藏展览中心开展

2003年，俄罗斯科学院高尔基世界文学研究所首席研究员、著名汉学家李福清在中国民艺博物馆考察民间年画

2004年，著名艺术家韩美林参观中国民艺博物馆

2005年，中国民俗学会会长、中国社会科学院学部委员刘魁立参观中国民艺博物馆

近年实施的国家社科基金艺术学重大课题研究中提出了城镇化进程中传统工艺的发展策略，其间会同国际文化人类学家开展民艺田野调研，进行了深入研究和交流。

应该说，民艺博物馆是一种生活历史的记录，也是生活的诉说。回望昔日的生活图景，在百姓日用中保留属于我们这个民族的匠心文脉、生活记忆，建构我们民族的生活美学。

三、民艺的生活美学

民艺是生活的艺术、生活的美学，民艺造物是对生活之美的创造。民间的面花、剪纸、服饰、刺绣、染织、年画、皮影、面具、木偶、风筝、纸扎与灯艺、社戏脸谱、陶瓷、雕刻和民居建筑、车船装饰和生活用具等，融于衣食住行，关联社会民俗，是对于美的集体记忆和创造，是民间生活的诗情画意。回想昔日农村染块布做身衣服的讲究，纺线织布绣花缝补的精巧，还有民艺维系的民间礼仪，都是生活的审美、生活的品位。民艺不仅以有形的、自在的、奔放炽烈的语言体现在生活中，也以平常之美体现生活的意义和价值。

民艺的工具和材料往往随手可得，就地取材，工艺和形态远离浮华、奢侈，具有朴实、自然的特点。民艺发掘了日常生活中自然、事理与物候节律以及材质的意义和价值，比如使自然里荣枯有时的竹、柳、藤、草成为筐、篮、篓、笠、席、盘、垫，有了生活的韵味和价值；比如使一方轻薄的纸张裁剪之后幻化出现实生活、戏曲传奇、神话故事等无所不包的大千世界，其中有爱憎，有美丑，有百姓倾心歌颂的高尚和美好。短暂的自然生命因此变得隽永，平凡的物件因此有了情感和生命。塑造生活的平凡之美和永恒的价值，正是民艺生活美学的真谛。

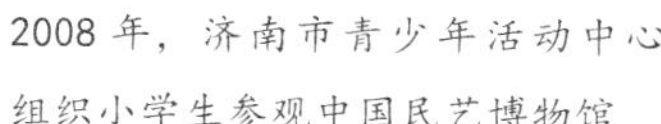

2008 年，济南市青少年活动中心组织小学生参观中国民艺博物馆

2009 年，国际奥委会主席雅克·罗格参观中国民艺博物馆

2009 年，著名美术学家邓福星一行参观中国民艺博物馆

2009 年，国务院学位委员会艺术学学科评议组召集人、著名民艺学家张道一参观指导中国民艺博物馆

民艺体现了一种美学观，其中包含一个丰沛的精神世界。民艺在生活日用、装饰陈设、传统节日、人生礼仪、游艺娱乐以及生产劳动中，寄予了朴素的劳动感情、乐观的生活态度和美好的理想追求，充满了除恶扬善、辟邪扶正、和合圆满、吉祥如意的主旋律，反映出百姓对生活的热爱、对乡土的真情、对幸福的祈望，形成了我们民族乐观向上的精神风貌和民族气质。福禄寿喜的吉祥图案、避鬼驱邪的门神年画充满了人们对生活的期待与寄托，是真挚的，也是朴素、充满韧性的，更是无常甚至苦难也浇不灭的昂扬精神。张道一先生曾感慨，当他深入民间与那些农村妇女交谈时，不仅感到她们情真、开朗、大方，也会被她们的“女红”所感染，从中领悟到艺术的真实和人生的意义，“在民间艺术中蕴含着一种人间的真美，那是在美学书中找不到的”。

文化发展靠积累，民艺是我们文化创造的重要基础。张道一先生将民艺视作本元文化。一方面，从历史发展的序列进程看，在社会分工逐渐细致之前，在相当长的历史时期里文化具有一元性，民艺融物质文化与精神文化、实用与审美于一体，物质文化与精神文化兼容，物质文明与精神文明同构，是一种本元文化，而且在文化从一元走向多元、物质文化与精神文化分化之后，仍然保持了装饰、实用及风俗应用的有机统一和融会贯通，其本元文化性质没有解体，且不断适应并潜移默化地作用于人们的生活。另一方面，其本元文化的原发性内涵，也在于具有“艺术矿藏”等基础性和母体性，不仅在创作机制上丰富、自在，具有原发性、业余性和自娱性，是一种淳风之美的流露，体现了人与艺术的本质关系，而且是一个民族、一方人群人生经验和生活文化的积累，具有传承性、集体性、民族性和区域性，反映了漫长历史进程中民族文化艺术的创造，体现其精神面貌和心理状态，是文明赖以延续和升华的基础。

潘鲁生、赵屹等著《手艺农村》（上图）

潘鲁生主编《中国手艺传承人丛书》（下图）

在社会文化转型的背景下，生活从传统走向现代，我们的生活方式发生了不小的变化，安土重迁的观念和生活被城市化的流动打破，民间禁忌和祈望的仪式空间被现代生活观念和方式冲淡，传统器用的形态以及图案纹样里差序格局的基础逐渐消解，标准化、流水线甚至拷贝“全球化”的生活方式

2010年，中国工艺美术学会民间工艺美术专业委员会专家考察中国民艺博物馆

2010年，凤凰卫视考察团参观中国民艺博物馆

2013年，中国文联副主席、中国民协主席、国务院参事冯骥才参观中国民艺博物馆

成为主流。传统民艺与民风民俗相依存，作为传统民间生活的有形载体，从生活舞台的中央走向边缘，一些品类的技艺与传承甚至走向消亡。生活在变，不变的是人们对美好的永恒追求。民艺维系的是一份亲情、乡情、民情，连接的是民族精神的根脉与人们的情感。在今天，民艺有生活的土壤和情感的需求，我们甚至比以往任何时候都更需要民艺，需要承载、安放、传递生活里最朴素亲和的情谊，需要传承生活的艺术和智慧，创造民间的生活之美，实现民生的审美关怀。传承和发展民艺，是一个生活文化的建构过程，把生活与美统一起来，使生活不是物质化的、空虚的、贫弱的，而是有匠心、有境界、有情感寄托的。美在生活，美在日常，在生活日用中塑造美、直观美，充实和提升的是最广泛深刻的社会认同。

当前，文化传承发展进入了新时代。国家全面实施“中华优秀传统文化传承发展工程”，出台“中国传统工艺振兴计划”，鼓励文艺创作，坚定文化自信，坚持服务人民，推动文化产业成为国民经济支柱性产业，倡导文化的创造性转化与创新性发展。乡村振兴战略的启动实施，从根本上强调乡村文明是中华民族文明的主体，村庄是乡村文明的载体，耕读文明是我国的软实力。乡村振兴战略从中华民族历史与文化的高度，深刻阐释了乡村的文化意义，明确了决定中国乡村命运的乡村地位，强有力地扭转了以狭隘的经济主义思维判断乡村价值的认识，对乡村文明的传承、文化载体的存续乃至中华民族精神家园的回归与守护都发挥了及时而长远的作用。乡村振兴涉及历史记忆、文化认同、情感归属和经过历史积淀的文化创造基础，民艺是其重要的载体和纽带。

《中国民艺馆》丛书初步计划出版三十余册，不以严格的学术分类分册，而是从作品赏析的角度归类，包括《油灯》《玩具》《百鸟绣屏》《戏曲纸扎》《枕顶花》《饮食器具》《年画雕版》《鞋样本子》《云肩》《家活什儿》等。丛书定位在传统文化传承普及和青少年民艺欣赏学习的层面，通过摄影表现民艺作品的审美意象，适当增加民艺作品的文化传承、工艺匠作等方面的解读，力求做到总体有风格、每册有特色，具有欣赏性、教育性和审美性。丰子恺先生说：“有生即有情，有情即有艺术。故艺术非专科，乃人所本能；艺术无专家，人人皆生知也。晚近世变多端，人事烦琐，逐末者忘本，循流

2015年，南京艺术学院留学生参观中国民艺博物馆

2017年，张仃夫人灰娃、著名文化学者王鲁湘参观中国民艺博物馆

2017年，潘鲁生考察西藏拉萨夏鲁旺堆唐卡

2019年，中国国家博物馆馆长王春法一行参观中国民艺博物馆

者忘源，人各竭其力于生活之一隅，而丧失其人生之常情。于是世间始立‘艺术’为专科，而称专长此道者为‘艺术家’。”他还说：“艺术教育是一种品性陶冶的教育，不是技巧的能事。极端地说，学生不必一定要描画、作诗、唱歌。懂得昼夜的情调、诗歌的趣味，而能拿这种情调与趣味来对付自然人生，便是艺术教育的圆满奏效。虚荣实利心切的，头脑硬化的，情感的绝缘体，在人群中往往做很不自然的障碍物，即使会描画作诗，乃是俗物。”让读者感知民艺的生活、民艺的世界，也是回归生活本身，于朴素的情感和趣味中体会创造，当生活的艺术家。民艺的复兴需要的正是万千生活主体的创造，复兴民族文化的创造力。

《中国民艺馆》丛书的出版，或许能使读者更清晰、更细腻地感知民艺的造型形态、材质肌理、纹样色彩和生活磨砺的岁月感，了解一件民艺作品背后的历史和生活状态，在纸页翻转中流连于民间的造物文化。我们要体现的不只是民艺的历史和知识，而是民艺独一无二、无可替代的意义和价值，它关系到我们对物、对用、对美的理解和感受，不断实现优秀传统的延续、记忆的延续，维系民艺与生活的内在联系。民艺里包含深切的人情心意，人们在日常使用中察觉和实现着其中的含义，也从中寻见自己，所以珍视民艺、传承民艺不仅是对消逝之物的怀旧，也是一种生活方式、文化认同、心灵境界的建构。认识民艺，感受民艺，学习民艺，是以生活的艺术涵养民族文化之心灵。

借助《中国民艺馆》丛书，让我们再次凝视民艺之美，感受生活之美。也希望丰富多彩的民艺回归朴素的生活，如不息的河流随岁月流转，哺育滋养一代代人的生活，在造物的智慧、用物的享受、爱物的快乐中寻得更美好的境界。

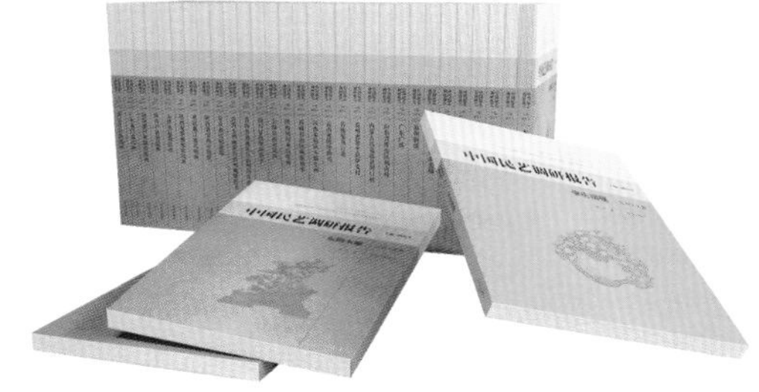
潘鲁生主持的国家社科基金艺术学重大项目的成果——《中国民艺调研报告》

丁酉秋于历山作坊

多彩西南

我国西南地区是少数民族聚居区，也是中国少数民族最多的地区。从狭义概念来说，西南地区包括四川省、贵州省、云南省、西藏自治区、重庆直辖市，又被称为西南五省（自治区、直辖市），全国55个少数民族均在西南地区有常住统计，其中世居民族有30余个。西南地区的生态环境复杂性和经济发展程度决定了少数民族分布的多样性。首先，地形多山地，海拔垂直变化明显，形成了数个相互隔绝、封闭性极强的地域单元，少数民族在地势上既有水平分布又有垂直分布，即使生活于共同的区域，也无法集中居住在一起，呈现交错式散居。例如云南省东南部地区各民族在地理上立体地分布呈现为“苗族住山头，彝族住坡头，瑶族住菁头，壮族住水头，汉族住街头”，又如贵州省少数民族分布呈现为“高山苗家，水家、仲家、布依、仡佬族住在石旮旯”。这样的环境造就了民族分化易、融合同化难，于是形成了各少数民族不同的生活方式、语言习俗、经济活动和丰富多彩的服饰特征。其次，崎岖的山地条件不利于传统农业的发展，阻碍了生产力水平的提高，制约了本地区整个经济的发展。在公路交通条件有明显改善之前，西南地区众多民族极少能克服自然的障碍，走出家园去发展地域单元间的经济，进行文化方面的交流，这种闭塞进一步延缓了民族间相互融合与同化的进程。这些都是西南地区众多少数民族一直长期共存至今且民族文化保留较为完整的重要原因。

一、西南少数民族服饰概况

在民族地区有着“百里不同风，千里不同俗”的说法，西南地区少数民族因为散居、聚居、杂居而存在丰富多样的服饰文化，甚至同一民族之间不同支系的服饰也呈现出极大的差异，从苗族和瑶族两个民族的服饰中可略见一斑。

清朝乾隆年间的《镇雄州志》，提到苗族的几个支系时就有这样的文字：“曰黑、曰青、曰红、曰花。”因其居住环境多为深山，各支系之间往来不是很频繁，名称划分根据他们的服饰特点、居住特点、生计方式等，不一而足。清嘉庆年间的严如熤在《苗防备览·风俗考》中有如下记载：“苗人衣服俱皂黑布为之，上下如一。其衣带用红者为红苗。”如果以服饰的色彩划分，白苗通常穿着素雅的白裙，少见的没有运用蜡染、扎染、绣花、挑花等工艺技法进行装饰，上衣的衣缘处用红、黄、绿色的布简单镶边；红苗身着红色服装，并巧妙搭配红色的毛线当作发饰挽住头发；青苗包青布头巾，穿青布服装，在袖口、领口与裙边有青色的蜡染和挑花点缀；黑苗包黑布头巾，穿黑布花边裙。若以衣服纹饰特点划分，有大花苗、小花苗、花苗与花衣苗等，花苗的服饰像其名称一样，色彩艳丽，衣服上的图案也是用多种颜色刺绣而成。以服饰特色划分的有尖顶苗、锅圈苗、长角苗等。以裙子特点划分，有长裙苗与短裙苗等。

再以瑶族为例，除色彩外，还有一些以颜色所在的服装部位来命名自己所在支系的方式。如白头瑶、白领瑶、白裤瑶、青衣瑶、青裤瑶、青袍瑶、花脚瑶、花裤瑶、花头瑶、红头瑶、漆头瑶等。其中，虽然衣服上都有白色，但白头瑶是其妇女以白线缠头为特点，白裤瑶是以裤子为白色而得名；同样，衣服上都有青色，但青衣瑶的青色在上衣上，而青裤瑶的青色在裤子上。[①]

①周梦：《少数民族传统服饰文化与时尚服装设计》，河北美术出版社，2009，第 61 页。

二、西南少数民族服饰特点

在少数民族服饰的审美标准体系中，除了直观的视觉感受层面以外，更深层次的，在于其服饰美学特征与民族文化的紧密相连，也就是说，少数民族服饰的“美”更在于人们联想、引申之后的审美感受。其中，服装款式的变化、材料的运用、色彩的搭配、纹样的选择、工艺技法和配饰的点缀，不但反映了本民族的审美观念及文化信仰，还记录了历史发展进程和不同时期的生产力水平，烙有特定的时代印记，是区分族群的重要标志之一。

2.1 款式材料

从总体造型而言，我国民族服饰的款式特点可概括为“北袍南裙”，西南地区少数民族服装大部分表现为上衣下裙（或裤）的款式结构和分开式着装的搭配方式。

少数民族服装的形成由多重因素决定，既有地理因素，也有经济和文化因素。西南少数民族大多地处亚热带地区，生活环境既有高山河谷，又有盆地平原，有的地区气候寒冷，有的地区炎热多雨，有的地区潮湿闷热，气温和降水均有极大差异，时空分布极不均匀。在满足人们护身蔽体、遮阳防风需求的同时，西南地区少数民族的服装更要满足易于散热、便于涉水、被雨淋湿后易于风干的条件，不至于总是黏在身上。西南地区作为农耕与游耕、采集与狩猎生活方式的交汇处，服装材质具有多元化的特征，因地制宜、就地取材、方便制作是服饰用料的特色。在种植棉花和各类麻作物的西南地区，吸湿性和透气性好的棉、麻布是众多少数民族制作服装的首要选择，这些用腰织机或稍大点的织机织出的土布幅宽较窄，面料质地较粗，若裁制成小片制衣容易出现纱线脱散的情况，适宜整幅使用，所以西南地区少数民族的服装款式工艺较为单纯，裁片以直线为主，尽量利用整幅布的幅宽设计，以布边为衣边以防纱线脱散。除了棉布、麻布外，对生活在高寒地区和山区的藏族、羌族来说，牛羊皮革制品和毛纺织品是挡风、遮雨、御寒的生活必需品。

西南地区少数民族的男女服饰多为短衣、短裤、短裙、绑腿、长衫、长裤等几种形式，服装以窄小且短的款式为主。裙式是西南地区苗族、侗族、瑶族、彝族等少数民族女子的主要服装，百褶裙是常见的传统裙装款式，适宜于当地的气候和地理条件，方便日常的生活。当然也有些西南地区少数民族不穿着上衣下裙（或裤）分开式着装，如藏族多活动在高原地区，受寒冷气候及自然环境的影响，长期以来人们为适应游牧生活需要而普遍穿着袍服，形成了以藏袍为主的藏族服饰特色；有的民族始祖从北方迁往南方，保留了长袍式造型，如彝族和羌族。古羌族原为游牧民族，后期经历多次迁徙，所以现在的羌族既从事农耕又兼事畜牧，这种特殊的农耕文明和畜牧文明相互交融的文化形态造就了其同时具备两种文化特征的独特的服饰风格。[①]

除了款式以外，羌族服饰在面料材质的使用上也具有多样性，以此为例可以展示出西南少数民族服装材质的发展脉络。羌族人民世世代代用纺锤绩线，用腰机织布，清乾隆时期绘制的《职贡图》就载有石泉（今北川羌族自治县）羌族妇女腰机织布的图画。[②]现在，这一传统手工艺在茂县的较场、赤不苏、沙坝片区和永和乡等地还可以看见，独具民族特色和珍贵的文化价值。

羌族纺织主要经历了三个发展阶段。第一阶段，三千年前，生活在大西北的羌族人民充分发挥聪明才智，将所牧的羊和牦牛的毛收集起来纺织成布，开启了早期的毛纺织业。第二阶段，勤劳的羌族人民迁徙到西南地区，从游牧生活习性逐渐转变为定居式的生活，开始种植麻类植物，转而发展为以麻为主的纺织品，并且可以通过提线的设置织造出不同纹路、不同密度的布。

①易子琳：《羌族服饰的特点及其历史探源》，《西华大学学报》（哲学社会科学版）2014年第4期。

②周裕兰：《羌族手工纺织文化的历史、技艺和特色价值及保护和传承》，《齐鲁艺苑》2015年第4期。

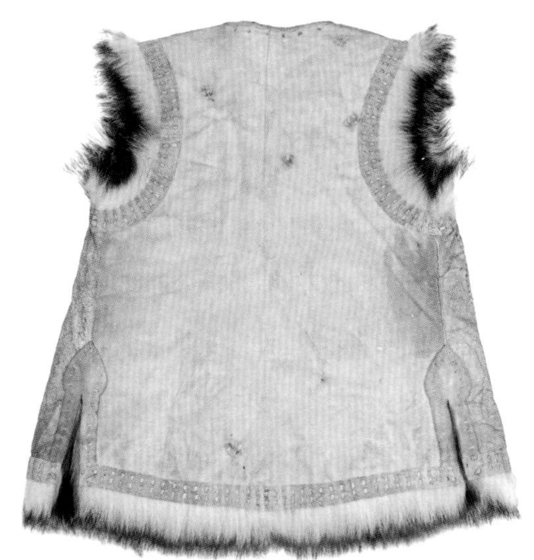

图 1　羌族羊皮褂褂

密度不同、厚薄不同，面料的使用场景也不同。轻薄的面料更为细腻柔软，适合贴身使用；厚实的面料更加耐磨耐用，亦可遮阳蔽雨、防风御寒，对生活在早晚温差大的高山地区、劳动强度大的羌族人民而言更具实用价值，是生活的必需品。第三阶段，随着棉花种植被引入，棉布因为其亲肤性优于麻布而逐渐普及开来，不过羌族人民的手工纺织还是以麻为主。

明清以来，随着各民族交流日益密切，互市的情况日益频繁，绸缎等面料也开始使用在羌族服装上，在当时因为量少价昂，多被用作盛装或者贵族的服装，此类服装相较于普通羌族服装更为精致，绣花和贴边更加繁复细腻。在工业化的今天，虽然也有传统羌族服饰采用手工纺织的麻、棉、羊毛、牦牛织物缝制而成，但棉布和绸缎在羌族服装的使用上更为普及，服装的手工绣花也逐渐被机器绣花取代。

除了棉、麻纺织品外，羌族还使用动物皮革，例如羌族男女的皮背心，俗称“羊皮褂褂”，是羌族人民标志性的服装品类之一。羊皮褂褂的背心款式特征决定了它的优势——既能保暖又不妨碍四肢劳作，当皮面向外毛面向内穿着时，增加耐磨性的同时又有保暖的功能；雨天则可以将毛面向外，利用羊毛天然的拒水性来防雨。除了羊皮褂褂以外，部分地区的羌族男子会在祭祀时身着黑色的牛皮铠甲。

2.2 色彩纹样

西南地区的少数民族服饰色彩各有各的特色，大多艳丽丰富，用色大胆，配色强烈而又协调，例如彝族的黑、红、黄，羌族的红、蓝、黑、白，布依族的黑、白、蓝等，不同民族有各自代表性的色彩搭配，洋溢着浪漫的激情和充沛的生命力，代表着不同的民族文化，具有各自的象征意义。

虽然各民族有不同的主色调，但整体色彩风格是相对统一的，例如羌族以红、蓝、黑、白为主色调，在搭配上会辅以少量对比色为点缀。具体表现在服装上，主色通常用在长衫、长裤和褂子上，对比色用在首服、足服和围腰等配饰上，面积相对较小，这样的用色方式可以统一整体色调，但又不会产生单调乏味之感。羌族女子和羌族男子（除老年人外）的服饰色彩相较，前者偏好明度、纯度和饱和度高的色彩，尤其喜爱使用粉红、桃红、宝蓝等鲜艳亮丽的面料作为主色，辅以大量的绣花装饰；后者偏好蓝黑、蓝白搭配，羌族男子通常头部包黑色帕子，穿白色长衫，下身着黑色或蓝色长裤，外面穿着羊皮或棉布褂子，搭配少量装饰。年轻人和老年人的服饰色彩相较，前者更加鲜艳，绣花的颜色也会更加丰富多变，后者用色相对朴素，多穿黑色长衫，绣素色花纹。整个羌族服饰色彩在统一中呈现有秩序、有规律的变化。

少数民族服饰色彩的采集多来自日常生活所见，虽然不同民族具有不同的文化，但在色彩方面有一定的相似性，即以约定俗成的民间惯例引导人们实现相同联想的心理效应。如蓝色通常代表蓝天、河流，表达了对自然的赞美和热爱；白色代表白云、白石，是纯洁和真善美的象征；黑色代表脚下的黑土地，纳西族、哈尼族、彝族等西南少数民族都有“尚黑”的传统，黑彝被视为彝族中的贵族；正红色代表太阳和火，承载着热情和对美好生活的向往期待，火在藏、羌、彝、侗、摩梭等少数民族生活中非常神圣，火塘是祖宗神灵的化身，祭火塘是家人祭祀祖宗的重要仪式。

在漫长的生产生活过程中，西南地区少数民族形成了带有鲜明区域特色的服饰纹样特点，具有审美和表意的双重特征。在各民族文化的差异性与生活环境的近似性共同作用下，同一纹样可能会在不同的民族中有不同的赋义。而同一赋义，可能会有不同的含义解读。这就类似在特定地区的语言交流中使用的方言，图案的“方言”，可认为是某个特定地区文化的解码。

审美方面，少数民族服饰纹样作为非个体创作的艺术品，多是在其民族标示性图案的基础上自由创作而来，并在一代一代服饰美化发展进程中完善，进而形成不同的个性。就题材而言，纹样的来源多基于生活所见，形成于人们的观念，如山川流水、蓝天白云、花草树木、鸟兽虫鱼等。不同民族在题材选择上具有共性，但由于各民族不同的文化传承和宗教信仰，特别是抽象的几何纹样，形成了不同的含义表达，以三角形为例，在有的民族中代表山脉，也有代表牛角或者狗牙等。就构图而言，不同纹样的样式组合可以从局部和整体两个视角来欣赏。局部上，少数民族的纹样风格丰富，有稚拙的趣味性，亦有细腻的精致感，但都倾注了或浓烈或深沉的情感。整体上，大部分纹样具有对称性、适形性、圆满性和装饰性，排列组合形式都遵循形式美法则。其中，对称是运用较多的一种手法，包括但不限于整体构图的对称、单独纹样的对称等，二方连续、四方连续也是较为常用的表达手法。适形也是运用很多的手法，尤其是服装的领口、袖口、脚口、衣缘等，纹样的走向是根据衣服的裁剪曲线缝制的，这些图案具有小而精的特点，以纯色为主。袖口和领口的图案，排列紧凑整齐，颜色种类偏多，图案以线条为主，多是对现实事物的几何简化，从而形成强烈的规律感和秩序感，通过巧妙的变形使其适形于各个曲线，装饰性极强。圆满性则体现了人们对于团圆和圆满的热切盼望与追求，很多构图以圆满浑圆为主，中心图案多呈大面积的圆形，形成较强的视觉吸引力，再采用角花、边花等相结合，搭配均衡，这些丰富多彩的纹样造型和构图技巧大大提高了西南少数民族服饰的审美价值。从对事物的还原到运用几何纹样来抽象概括，从随意装饰到有规则的排列，从简单到复杂，从一元到多元，这些都是西南少数民族同胞在纹样造型审美中的发展[①]，表现出淳朴而自然的审美观。

表意方面，历史文化是各民族发展历程的陈述和记载。有的少数民族在很久以前就创制了自己的文字，用以记载他们的生产生活状况，但还有一些民族没有自己的文字，就以纹样代替文字记述，或除了文字以外，将服饰纹样的内容作为记载民族历史、神话传说、宗教信仰的补充载体。除此之外，纹样还承载着表达美好愿望的重要作用。

西南地区许多少数民族如苗族、哈尼族、侗族、瑶族等曾经为了生存发展几度迁徙，这些历史被以纹样的形式记录在了服装上，如山川河流纹、地块田丘纹等都被公认是这些符号的代表——三角形的山川纹样、曲线波浪河流纹样的数量分别表示翻越了几座大山、跨越了几条河流，这些纹样是对祖先故土的缅怀、迁徙过程与路线的真实记录，并代代传承。

以苗族为例，苗族是“将历史穿在身上的民族”，苗族的服饰纹样被称为“彩线绣成的史诗、穿在身上的图腾”。如广西隆林苗族妇女百褶裙上的九曲江河花纹，表现的是过去苗家人迁徙时经过的滔滔河水；贵州普定苗族女子百褶裙上的褶裥是表示怀念祖先的故土，几何条纹表现了她们过去逃难渡过的长江黄河，其中密而窄的横条纹代表长江，宽而稀且中间有红黄的横线代表黄河；贵州黔东南地区的苗族百褶裙图案非常丰富，各种宽窄不一的条纹和方格状图案代表着曾经的家园有水和田地。

①胡洪：《西南少数民族服饰纹样文化探析》，《中国民族博览》2020 年第 18 期。

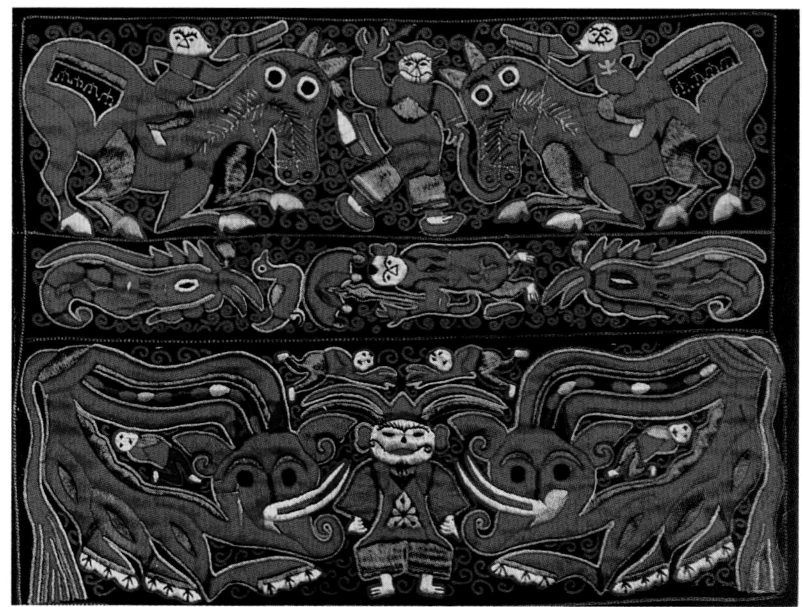

图 2　叙事苗绣《开天辟地》

如图 2 为表现神话史诗《苗族古歌》故事的施洞苗绣《开天辟地》，讲述的是天地产生以后相叠在一起，有一个叫“剖帕”的英雄“举斧猛一劈，天地两分开”，继而有一位长着八只手和四只脚的“府方”“把天撑上去，把地踩下来”，天地分开以后万物得以生存。

除记录历史以外，宗教信仰也是少数民族纹样表意的重要内容。大部分少数民族崇尚“万物有灵”，具体体现在纹样上包括神灵崇拜、自然崇拜和图腾崇拜。

蟾蛙具有多子的特点，被人们用来传达生命繁衍、生生不息的祈愿，是多个民族图腾崇拜的象征。在苗族织绣纹样中，蟾蛙被当作护子神灵和生殖繁衍神，表达多子多福的愿望，同时还有求雨、司雨之神等语义；纳西族的代表服装“披星戴月”上七个圆盘的披肩造型是纳西族以蛙为图腾的远古信仰的显现；普米族亦将蟾蜍视为“蟾蜍舅父”等。蛇作为重要的动物崇拜意象，在许多民族心目中占有特殊地位。侗族、壮族、水族、傣族等是百越民族的后裔，越人善种水稻，所以他们的图腾崇拜多与水生物有关，文献资料显示，越人以蛇图腾崇拜为主，蛇是“龙”的前身。除了动物图腾以外，类似的以共同图腾为崇拜对象的还有彝族、拉祜族、纳西族、哈尼族的火图腾崇拜，藏族和羌族的白石崇拜等。

不同的纹样还可以区分同一民族的不同支系，如红苗以龙凤为徽，花苗以蝶为徽，白苗、青苗以夔麟为徽，黑苗以狗为徽。这种图腾崇拜影响了不同支系刺绣纹样的题材表现内容，但随着各支系间的交流往来，纹样的学习借鉴、相互渗透的现象日渐增多。

自然崇拜的具体形式与该民族的自然环境、生活条件、心理素质、社会经济的发展状况大致相适应，但多是少数民族先民在以落后的生产力面对强大的自然力之时祈福纳祥、驱邪避凶心理的真实反映，随着时间的推移，逐渐成为根植于族群群体意识的信仰标识，成为民族心理认同的象征，它所携带的民族认同感和寻根意识，对该民族的文化传承和发展起到了潜在的心理归属作用。[①]

①谢青：《符号学视角下的西南少数民族图案艺术研究》,《美术研究》2018 年第 2 期。

美好的寄托方面，通常而言，儿童服饰纹样偏重于茁壮成长之意，青年服饰纹样倾向于对美好婚姻生活的向往，中、老年服饰纹样则更注重表达快乐、健康和祥和等愿望。在农耕文化为主的地区，纹样上的风、雨、雷、电纹样主要是祈求风调雨顺；生活在山区的少数民族则多绣山、云、日、月等，寓意寻求庇佑等。

2.3 工艺技法

西南少数民族服装的工艺技法多以装饰呈现。在农耕生产方式下，农闲时少数民族的女性就会进行纺纱、织布、蜡染、扎染、刺绣等传统手工艺,《后汉书》上有西南夷“知染彩纹绣”的记载，这说明至少在汉代，西南少数民族就已经掌握了染、织、绣的技能。传统手工艺的主要装饰部位一般居于服装主体中心和围绕衣缘勾勒强调出服装结构的轮廓，依附于服装结构存在的同时,起到加固服装结构、增强耐磨耐穿性和美化服装的功能。在平面剪裁中，装饰的突出使服装在简单结构下更具有吸引力，更能明确少数民族的标志特征，这些工艺技法在整衣的造型结构上形成了第二层结构，体现出“中国少数民族服装的双重性结构特征”，使服装形态完整的同时，极大地提高了其审美价值。

据中国非物质文化遗产网显示，2006 年至 2021 年，国务院共公布五批国家级非物质文化遗产名录，含 1557 个国家级非物质文化遗产代表性项目，按照申报地区或单位进行逐一统计，共计 3610 个子项。其中，和少数民族

图 3　羌族素绣围腰

图 4　羌族彩绣

传统服饰和技艺相关的内容涉及传统技艺、传统美术和民俗三类。传统技艺类别共计 629 项（以下数据均含不同地区申报的相同名称子项），少数民族传统服饰和技艺占 56 项，西南少数民族的就有 27 项；传统美术类别共计 417 项，少数民族传统服饰和技艺占 35 项，西南少数民族占 13 项；民俗项目 492 项，少数民族传统服饰占 49 项，西南少数民族占 22 项。其中，苗族的传统手工艺保护程度极高，非物质文化遗产数量庞大，共计 30 项，苗族服饰、苗族刺绣、苗族挑花、苗族银饰和苗族蜡染都涵盖其中。

以蜡染为例，据《后汉书·南蛮西南夷列传》《搜神记》等记载，秦汉时期，被称为“武陵蛮”的苗族先民“织绩木皮、染以草实，好五色衣服……裳班兰”。《隋书·地理志》也记载了“承盘瓠之后，故服章多以班布为饰”的服饰状况。[①] 陈维稷教授主编的《中国纺织科学技术史》认为：我国蜡染起源于西南少数民族，可追溯至秦汉，当时已利用蜂蜡和白蜡作为防染剂制作出印花布。

①黄亚琴：《从古代蜡染遗存看我国蜡染艺术的起源与发展》，《江苏理工学院学报》2014 年第 3 期。

从考古发现来看，西南地区是我国最早出现蜡染的地区之一，由苗族起始向其他各少数民族如布依族、仡佬族、瑶族、壮族、水族、黎族、彝族传播。由于各民族之间文化、历史、习俗的不同，蜡染在不同少数民族土壤孕育下形成不同的风格特征。其纹样设计及工艺史拥有各自不同的民族特色，同时，由于地域毗邻，也存在着不同民族之间蜡染在工艺方面相互渗透，区别并不十分显著的现象。

各民族传统蜡染工艺所用的防染剂均有蜂蜡，不同的是蜂蜡是苗族传统蜡染最常用的，瑶族、布依族则分别以“枫树脂”“枫香树脂”为具有本民族特色的防染剂；靛蓝是各民族蜡染通用的染料，不同的是制作靛蓝的蓝草种类，如苗族常用蓝靛，瑶族常用马蓝，布依族常用蓼蓝；各民族绘蜡工具亦是各具特色，苗族常用的是各种大小不同的铜蜡刀，瑶族则是各种粗细的竹签或木签，不同于前两者，布依族常用的绘蜡工具是毛笔；各民族所用绘蜡、染色等技法也各不相同。②

再以刺绣为例，羌族刺绣、苗族刺绣、彝族刺绣、侗族刺绣、藏族刺绣、布依族刺绣、水族马尾绣等西南地区少数民族刺绣皆是国家级非物质文化遗产。

羌族刺绣工艺的针法有十多种，包括平绣、参针绣、压针绣、眉毛花绣、挑花绣、十字绣、串绣、编针绣、锁绣、补花绣等针法，材料包括麻线、膨体纱、丝线、棉线等，底布多用棉布、麻布、丝绸、皮制品等，在平面上赋予了图案立体的视觉特征，层次更加丰富，具有古朴、浓郁的乡土生活气息和极强的装饰性。从色彩方面来说，羌族刺绣可以分为素绣和彩绣。素绣简洁大方，以白线黑底、白线蓝底居多；彩绣的色彩鲜艳明亮，主要以大红、桃红、绿色、黄色、蓝色为主挑花，底色多为黑色、蓝色、白色等，根据不同题材和年龄搭配。

苗族刺绣独具特色，代表了中国少数民族刺绣的最高水平。苗绣技法有12大类，这些技法又分若干的针法，如锁绣就有双针锁和单针锁，破线绣有破粗线和破细线。破线技法是将一根本就极细的丝线破成6~8根来进行刺绣，更精细的甚至要破成16根，工艺极巧。从色彩上，苗绣也分为单色绣和彩色绣，其中后者用七彩丝线绣成，刺绣手法复杂，或平绣，或凸绣。凸绣是在底布上先铺上多层剪纸而后施线刺绣，因而绣出的花样明显凸出，具有高浮雕效果。除了常规刺绣外，苗族还有极具特色的堆绣和锡绣。堆绣是苗族特有的手工装饰工艺，是将轻薄的丝绫面料上浆变得硬挺，然后裁剪、折叠成为不同大小的三角形或方形，按照不同的设计意图层层堆叠在底布上，边堆边用针线固定，最终组合成为具有立体空间感和浮雕视觉效果的绣品。锡绣是将金属锡薄片镶在刺绣上大面积装点服饰的工艺，在世界范围内目前还没有发现与它一样的刺绣方式。

②张春艳：《中国西南少数民族蜡染纹样与工艺史研究》，硕士学位论文，东华大学纺织学院，2016，第62-64页。

2.4 配饰

少数民族服装配饰是其服装和服饰文化中不可或缺的组成部分，不使用配饰的民族几乎没有，区别在于多寡。从某种层面来讲，它更能表现民族服装的特色，更能体现这个民族的历史、传承风俗及审美。

头饰在少数民族服饰中占据重要地位。因为地域和气候的关系，中国很

图5 苗族堆绣

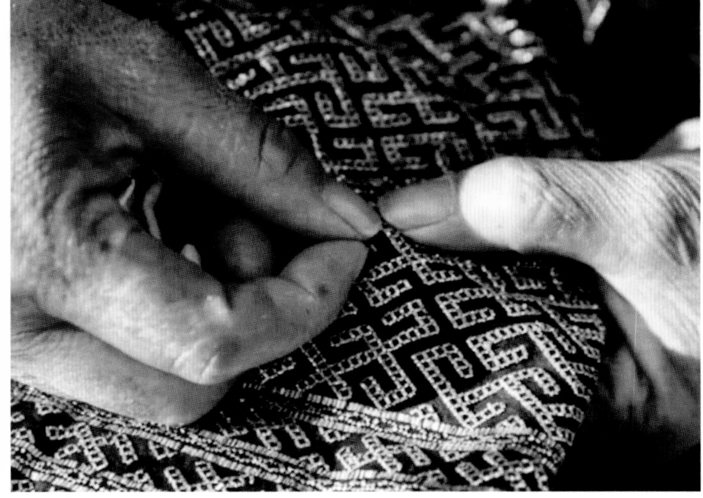

图6 苗族锡绣

多少数民族尤其是南方少数民族在装饰习惯上都具有重头轻脚的特点。如侗族的帽饰、苗族的头饰、藏族的巴珠等。西南地区四川康巴地区藏族流传着这样一段民谣："我虽不是德格人，德格装饰我知道；德格装饰要我说，头顶珊瑚宝光耀；我虽不是康定人，康定装饰我知道；康定装饰要我说，红丝发辫头上抛……"从中可以看出不同区域的藏族配饰也会有所不同，可以通过其头饰进行区分，可见服装配饰的重要性。例如，彝族未婚女子佩戴的鸡冠帽，可以通过帽子识别该女子的身份，并根据佩戴方式辨别是否有婚约。南宋著名诗人陆游的《老学庵笔记》卷四中也有记载："男未娶者，以金鸡羽插髻；女未嫁者，以海螺为数珠挂颈上。"[①]

背扇——背儿带的一部分，也是西南少数民族妇女服饰的一个重要组成部分，苗族、水族、瑶族、侗族皆有使用，多用于劳作时背着孩子使用。背扇的装饰手段有镶拼、刺绣、缝缀等，金银丝线、亮片、滚珠等都是重要的辅助材料。一针一线缝制的背儿带做工都非常精美，其中寄托了母亲对孩子深深的情思，集中了民族传统工艺的精华，体现了制作者心思的巧妙。

西南地区有特色的配饰还有藏族的邦典和辫筒、羌族的围腰等。银饰更是很多少数民族的代表性配饰，如苗族、侗族、羌族、藏族等。

三、西南少数民族服饰发展方向

在以往世界各个民族的现代化进程中，经济发展与社会转型大都是以民族传统文化的逐步弱化、变异与消失，甚至面临消亡的危险为代价。过去由于生产技术水平受到极大制约而基本依靠手工加工的物质生活条件，现在因为现代生产技术的介入而发生了巨大的转变，外界对于民族文化的理解和认识程度也不同，这些都对民族文化的发展造成了潜移默化的影响。例如，纹样原有的功能性、叙事性逐渐减弱，向着装饰的形式感方向渐变，从点、线、面的形象构成来展示艺术上的美感。

①郑天琪：《西南少数民族服装配饰功能与内涵研究》，《美与时代：创意》2020年第5期。

材质色彩方面，由手工织造和染制的天然麻、棉面料变为选用更为便利、纹样和色彩更为丰富的现代机器织造面料；纹样工艺方面，由手工刺绣、贴布、镶嵌等传统手工艺转而不同程度地使用机织的装饰织带、机器绣片等现代纺织材料，手工刺绣品正逐渐退出传统生活领域，装饰风格和特征也发生了一定程度的变化。传统手工艺会因为不同技术水平和不同个性风格的制作者呈现出因人而异的特征，具有独一无二的不可复制性；但机绣图案因工业化加工方式而在造型特征上更为规整统一，表现出理性但单一化、主流化和工业化的趋向。

服装与服饰是每个民族的重要特征，是记录历史、传承审美的重要载体，是民族发展繁荣的动力与活力的源泉。传承和创新是发展的重要议题，要明白少数民族服装所蕴含的文化内容，要能深度诠释其背后的民族观念、民族性格和人文精神，坚持民族性与现代性的统一，使观者不仅能看到一个民族外在的物质形态，更能了解该民族内在的无形的文化形态。各民族优秀的服饰文化通过不同民族群体之间的交流而互相促进，彼此借鉴，进而更加丰富多彩。

图说

服装类

彝族白倮支系蜡染（男上衣）三件套

白倮是彝族的支系之一，主要分布于云南。彝族不同支系有着不同款式的服装，下页图中上衣是彝族白倮人较具代表性的男式服装。

该衣为三层叠套男上衣，圆领燕尾形下摆，对襟，布纽铝扣，宽身平袖，袖长及腕，衣身两侧有开衩。里件为蓝纹条布，且黑布镶边，两襟着 8 行纽扣，袖口处镶花布条；中间一件为蓝色布底，两襟拼接处为棕底格纹条状布块；最外件为蜡染黑底团花纹样，装饰有彩色布条。

尺寸／
1465mm×800mm
材质／
棉布
地域／
云南

团花纹是中国传统纹样之一，是以各种动物、植物或者吉祥纹样组成的一种圆形图案，具有装饰效果。服饰上的团花纹在明清时期就有相关记载，《明史·舆服三》中有载“一品，大独科花，径五寸；二品，小独科花，径三寸”[①]。图中上衣团花纹最中心为实心圆，线条由内而外延伸，圆形由小到大扩展，线条的涡轮状构造与散射状外形极具动态韵味，富有装饰美感。纹样的散射状外形犹如太阳闪耀的光芒，是一种具有代表性的太阳纹饰，体现着白倮人对于光明、温暖等自然力量的向往。

①（清）张廷玉等：《明史》，中华书局，1974，第1636页。

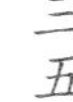

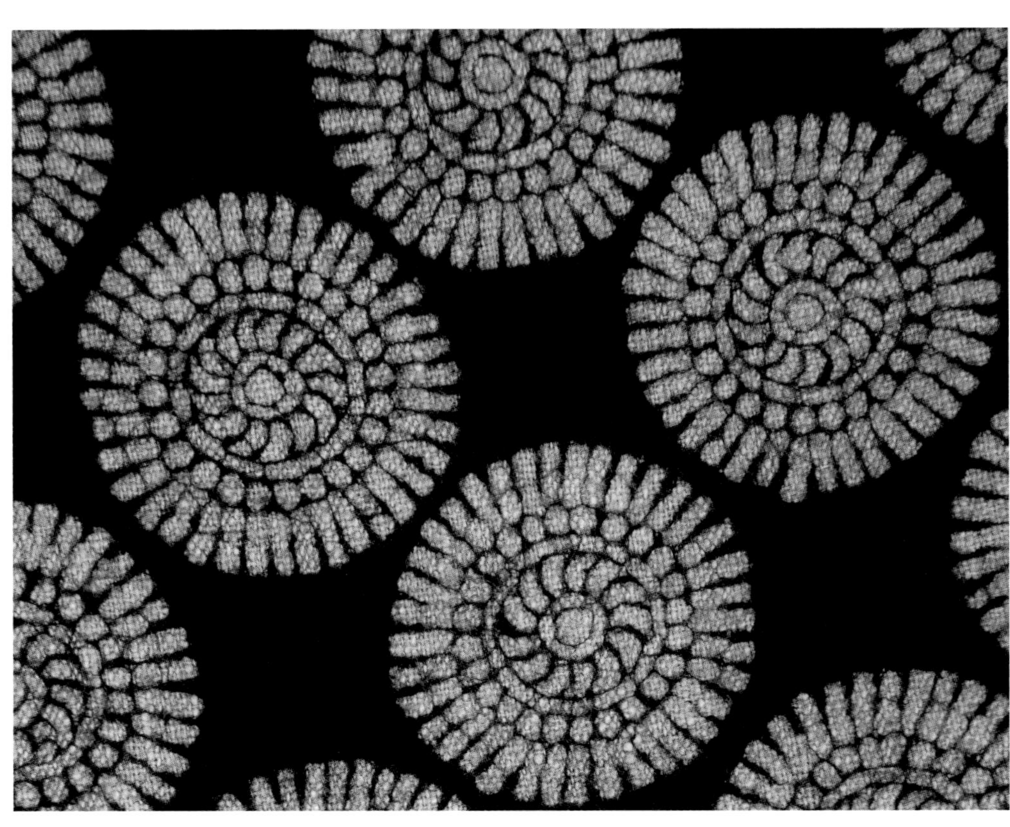

此上衣的装饰中还出现了多种几何纹样，且在锁边部分中所占比重较大，有荞菜花纹（回旋纹）、楼梯纹、星宿花纹（点状）等。这些几何纹样是白倮人对自己生活的记录和描绘，也蕴含着独特的民族文化与生活情感。比如，关于荞菜花纹，相传古时候一次大火烧毁了白倮人的村寨，只剩下一碗荞籽未被烧坏，这给人们带来了生的希望。村民们栽种了这碗荞籽，依靠它度过了灾荒。此后，荞菜节也成为白倮人重要的传统节日。

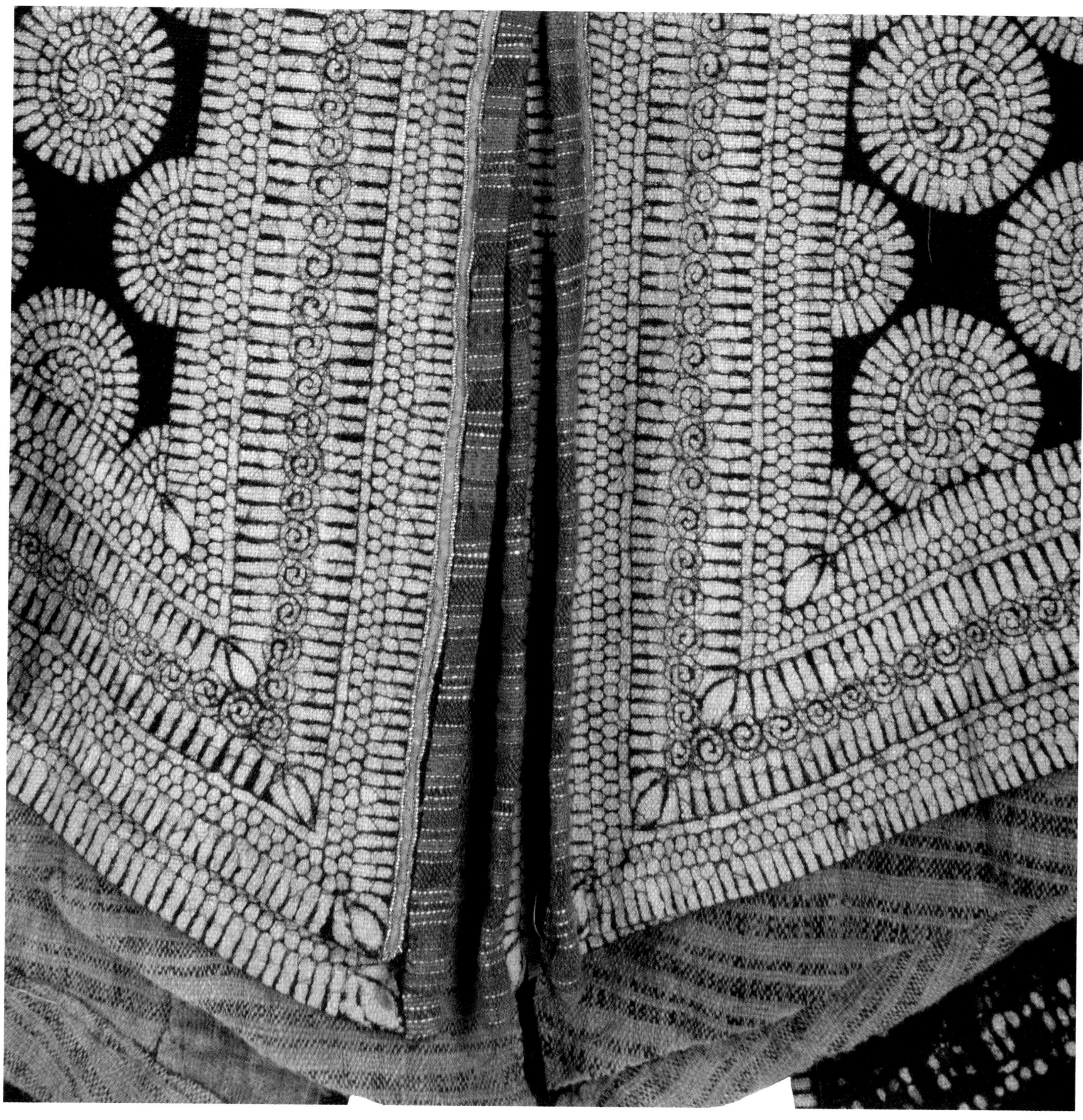

尺寸／
1360mm×780mm
材质／
亮布
地域／
贵州

白领苗左衽大襟蜡染女上衣（一）

白领苗，亦称白苗、花壳苗，是苗族“嘎闹”支系的四个亚支系之一。白领苗服饰“衣蜡花布，长过腰，饰领以白”，而丹寨白领苗常以窝妥纹为蜡染纹样，且在不同年龄段白领苗人的衣物中皆可寻到。窝妥纹由苗语汉化而来，在苗语中，“窝”名为衣服，“妥”名为蜡染，“窝妥”意译为蜡染的衣服。

图中衣服就是一件较有代表性的白领苗服饰。此衣为立领圆摆，左衽大襟，宽袖窄腰，袖长及腕，两侧有开衩，其背部及两袖处皆绣有灵动的自然花纹图案且对称分布。衣物下摆以红、白、黄、黑色线锁边，袖口处镶白色竖线棉布，衣襟、衣领和肩部有约5厘米宽的刺绣花边。背部上方的窝妥纹，由对称分布的八个涡旋纹围绕一个铜鼓纹组成，整体呈散射状，且两个一组的涡旋纹由里即外散射，亦表现出一反一正的漩涡效果。两袖上方也各有四个这种对称的涡旋纹，合起来共八个。图中窝妥纹运用了双线螺旋的处理技法。“双线”代表的是传统观念中的“阴”，即指女性，苗族妇女世代将这种神圣的纹饰绘制于服饰的领、袖等重要装饰部位，表现的是对女始祖的崇拜。

丹寨苗族对这种窝妥纹螺旋纹样的来历有两种解释：一指这是苗族祖先创作最早的一种纹样，为了表达对祖先的崇敬，就照纹样原本的样子保存下来；一指苗族群众在“鼓社祭”的盛大祭典中，要杀牛作贡、敲长鼓祭奠先祖，因此苗族妇女们便把牛头和长鼓上的旋纹变成花纹饰于衣物上。在窝妥纹图案的制作上，各家各户基本一致，即将成对环状排列的螺旋纹染以深色蓝靛，并在纹饰的蓝线外侧依次涂染黄色粗线、加描朱砂细线。窝妥纹与祥云纹、回纹等共同构成了衣物的装饰系统，这些纹样象征着对于吉祥完满、四季轮回、生生不息生活的追寻与渴望，表达了苗族群众寄情于生活的浪漫思维。

尺寸／
1320mm×750 mm
材质／
亮布
地域／
贵州

白领苗左衽大襟蜡染女上衣（二）

此衣整体形制与上件相似，仅领口、肩部与衣袖的配色略有不同。这件衣服为淡粉色领口锁边，衣袖中以橙黄色为中和色，肩部也有部分橙黄色搭配。相较于上件衣服，这件用色较为跳脱，多见于年轻人的穿搭中。

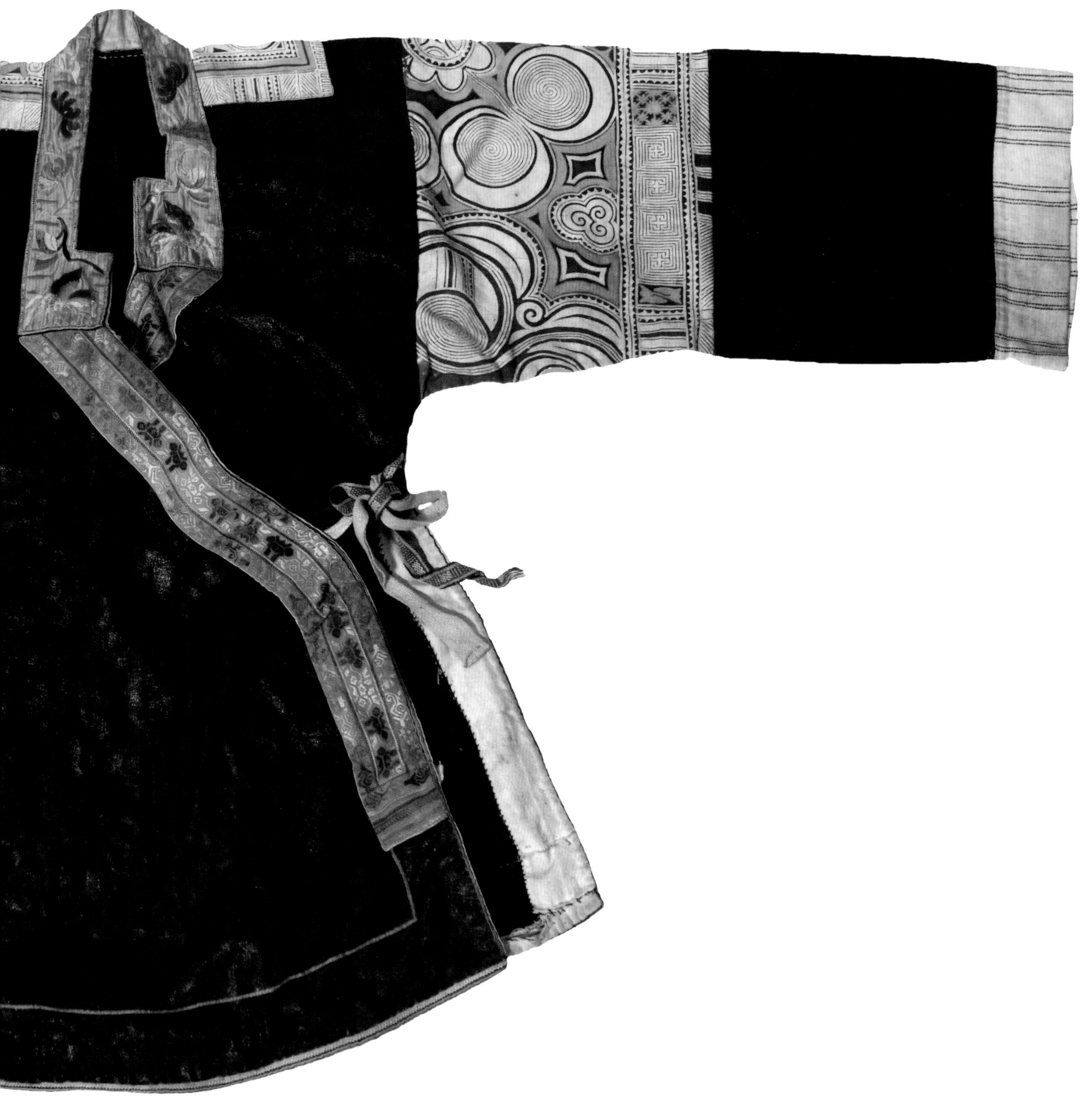

尺寸/
1250mm×880 mm
材质/
棉布、银等
地域/
贵州

苗族镶银黑底女盛装

施洞镇隶属贵州省黔东南苗族侗族自治州台江县，当地的盛装、便装各有特色，且会因穿着场合与穿者年龄不同而变化，但都搭配银饰，图中衣服就是较有代表性的施洞盛装之一。此衣立领宽摆，对襟，宽身平袖，袖及手腕，衣身两侧有开衩，下摆前长后短。衣物背部、下摆、肩部及两袖均有银片镶嵌，两襟拼接处绣有不对称红底绿紫色花纹图案，肩部及两袖均绣有红底动植物纹样，且以规律性的各色三角纹与条形花纹进行区域分割。

衣服肩部有蝴蝶妈妈纹、八卦图纹等纹饰，同时饰以圆形透孔金片并加细线固定。在苗族神话里，蝴蝶妈妈是世间万物的始祖，其形象被集中应用于苗族衣物、银饰乃至生活场景等，表现形式丰富多样且载体广泛。八卦图纹源于道教，讲究阴阳相生相克，《道德经》有载“万物负阴而抱阳，冲气以为和”，意为阴阳二气互相激荡而形成新的和谐体。八卦纹外部缠绕一圈波浪形花纹，表现出太阳纹样的视觉效果，也呈现出八卦纹在民族化进程中的和谐状态；该纹样伴有圆形透孔金片零落镶嵌，样式别致美观、极具创造意趣。

衣服背部共有9枚银片，且呈散射状分布，这种镶银片、银铃等饰物的装饰行为也是施洞盛装的一大特色。中心银片内裹一较抽象的鹊宇鸟纹，外圈饰太阳花纹，内外以环形点状纹样相隔；左右各有一麒麟纹样银片，正上、下方各有一麒麟送子纹饰银片；四角处则各有一凤鸟纹银片，凤鸟均向内回首。麒麟纹样和凤鸟纹样都属于苗族的吉祥纹饰。其中，麒麟是中国民间信仰中具有灵性的神兽，《宋书》记载麒麟“含仁而戴义，音中钟吕，步中规矩，不践生虫，不折生草，不食不义，不饮洿池，不入坑阱，不行罗网”[1]。可见麒麟符合人们对仁的认识与思考，代表着一种十分崇高的品德，所以麒麟纹样常被用于各种欢庆场合之中。

①（梁）沈约撰《宋书》，中华书局，1974，第791页。

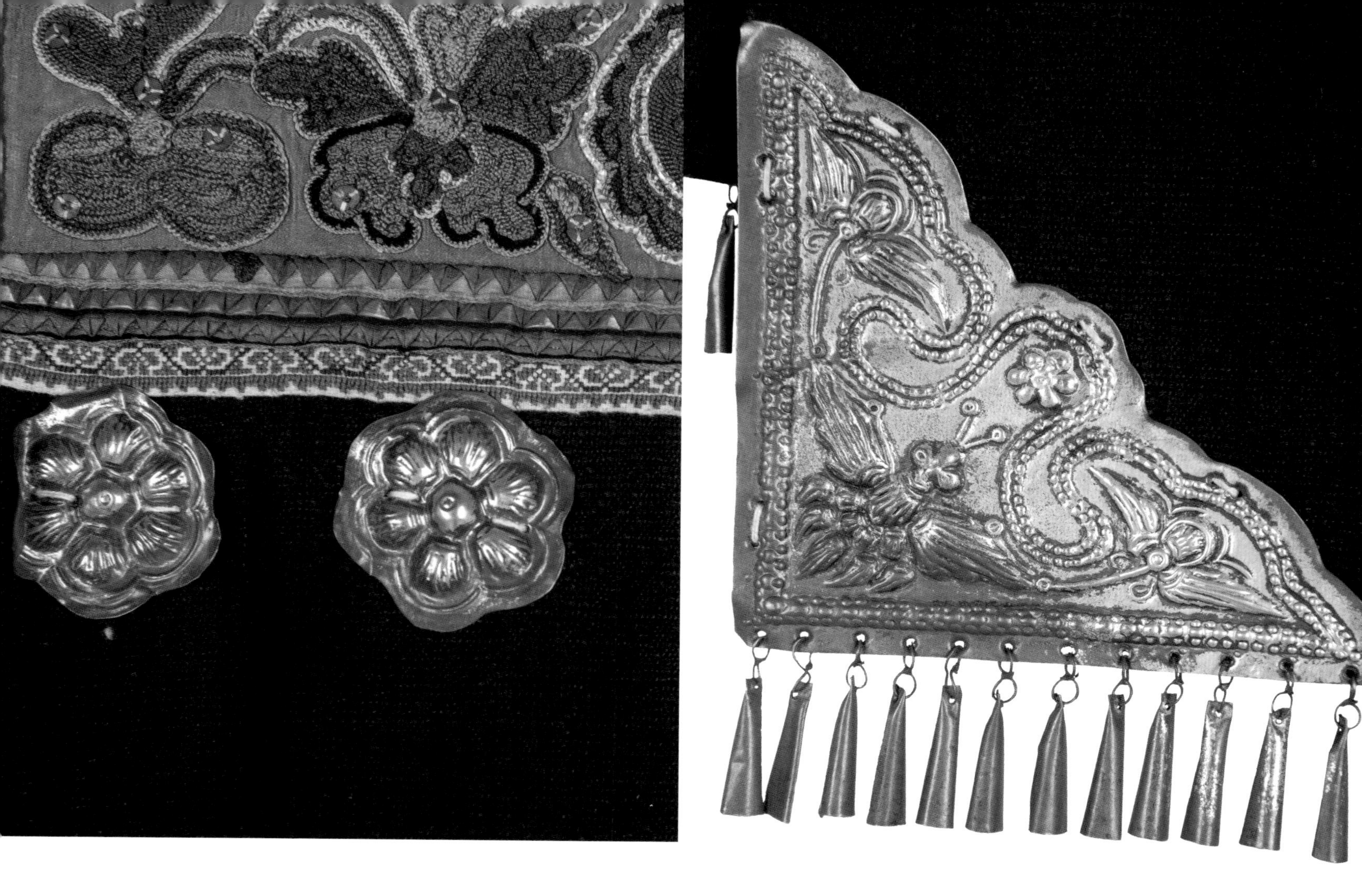

除背部的银片外，衣物下摆还镶有12枚银片——两襟底部银片为蝴蝶妈妈纹饰；其余10枚都是花纹银片，银片分布均匀、形状相同，具有形式美感。此外，左右两肩各镶有四枚小型花朵银片纹饰，对称分布，装饰性较强。

衣物中的银片，采用了“镶”的工艺手法。“镶”是指将布条、绣片等缝在衣服边缘或嵌缝在袖子、衣身的某一位置，形成一种块面状或条状装饰。此种工艺手法由来已久，春秋时期就已经被应用到衣物的制作中了。这一时期，贵族男女衣着已“衣作绣，锦作缘”——“锦作缘”指的是用锦作为衣服的镶边，也就是“镶”工艺的原始形态。该衣物中的银片主要镶于衣物下摆、背部等位置，同时用白色细线加以固定，更为牢靠。

图中衣服还采用了辫绣工艺，在两袖的龙纹中表现尤为明显。所谓辫绣，是先将彩线编织成带状，再根据图案轮廓盘绕于剪纸上，最后用同色彩线固定在绣布上的一种绣法。这种技法使纹样整体充满流动性，长长的线条呈现出强烈的运动效果，造型生动、富有情趣。

尺寸／
1280mm×1250mm
材质／
羽毛、珍珠、丝线 等
地域／
贵州

苗族修身鸟纹刺绣百鸟衣

百鸟衣是苗族盛大节日中的传统服饰，色彩艳丽，工艺精湛。图中百鸟衣为宽摆对襟，领口呈“V”字形，宽袖窄腰，袖长及腕。上衣以对称式的鸟纹作为主体装饰；下衣飘带部分以独立的绣片与上衣相连，共6片，飘带底部皆续有羽毛装饰。衣服由红、黄、绿等色彩构成，整体色调鲜明亮丽。衣服采用“苗绣”的技法，融平绣、打籽绣、辫绣等工艺手法为一体，十分精美。如运用较多的平绣技法，在主体鸟纹及衣服下摆等部位可以较为清晰地看到——针脚细密均匀，单针单线，纹路平滑。此种针法在苗族刺绣中运用最为广泛。

“百鸟衣”一词最早见于唐代，宋代郭若虚编撰的画史著作《图画见闻志》中记载了“百鸟衣”使用的相关场景：“唐贞观三年，东蛮谢元深入朝，冠乌熊皮冠，以金络额，毛帔，以韦为行縢，著履。中书侍郎颜师古奏言：‘昔周武王治致太平，远国归款，周史乃集其事为《王会篇》。今圣德所及，万国来朝，卉服鸟章，俱集蛮邸，实可图写贻于后，以彰怀远之德。’上从之，乃命阎立德等图画之。”[1] 其中，“卉服鸟章”即百鸟衣一个较显著的特征，该特征与图中百鸟衣的装饰特征不谋而合：衣物上有繁多的动植物纹样，且以鸟纹为主的动物纹饰占主体，植物纹样主要分布于动物纹样周围，起辅助装饰的作用。

①（宋）郭若虚、邓椿撰《图画见闻志　画继》，王群栗点校，浙江人民美术出版社，2019，第 146 页。

苗族群众在服饰制作中对鸟纹的应用极为广泛。图中衣服的正面与背部有十余个或大或小、造型丰富的鸟纹图案对称分布，仅表现鸟类的“眼睛”，就有各式各样的花朵图案造型作装饰。此外，鸟纹还蕴含着苗族人祖先崇拜的意蕴：在神话故事中，鸟纹与蝴蝶妈妈纹样有着密切的关联，“鹡宇鸟”帮助“蝴蝶妈妈”孵化了 12 枚蛋，从此天下便有了自然万物。

除动植物图案外，该衣物还有诸多几何图案纹样，如“万”字纹、不间断的回纹、三角纹等，这些几何纹样起着装饰、划分区域等作用，与动植物纹样相互配合，使整体更加灵活生动。这些纹样也有本身的寓意，如上衣下摆的万字纹，在明清时期的龙袍上也常见，寓意生命轮回、逢凶化吉、万福祥瑞、福寿安康。

尺寸／
1720mm×1450mm
材质／
羽毛、珍珠、丝线 等
地域／
贵州

苗族宽身龙纹刺绣男子百鸟衣

百鸟衣是苗族祭祖活动“鼓藏节”或其他盛大节日活动时的穿着。图中百鸟衣为立领对襟，宽身平袖，袖身夹角呈90度，袖长及腕，整体呈“T”字形，为苗族盛装。衣物图案构图非常符合人们的视觉秩序，整体协调性较高，满而不乱、多而不散：上衣以对称式的龙纹作为主纹，下摆与上衣相连，共计12片，二者中间则以对称式的龙纹鱼尾进行画面分割。衣服整体由红、灰、绿等色彩构成，庄重和谐。

衣服的正面、背面、两袖及飘带处均有龙纹，或大或小共计 24 个，所占比重较大，表达方式多变。除龙头龙尾的龙纹造型外，衣服背部另有四个龙头蛇身的纹饰，面部还有四个龙纹鱼尾状纹饰，龙的形态或曲，或伸，变化自如，样式极为丰富。龙纹承载着苗族人的图腾崇拜，还有消灾免祸、纳福迎祥之意。衣物中飘带以珍珠与羽毛相连，造型飘逸灵动，本身也是龙图腾的象征，具有祖先崇拜和祈求庇护的寓意。下摆部位饰有四个蛙纹，象征着苗族人对多子多福的祈愿。衣物中还有诸多代表吉祥寓意的纹饰图案，如鱼纹、蝴蝶妈妈纹等，在构图中主要起到烘托龙纹的作用。这些纹样共同构成了一个属于此衣物的寓意装饰系统，传递出苗族群众对于吉祥纳福的追求和渴望，祈求在诸多吉祥纹饰的加持中实现更大意义上的“吉祥”。

尺寸 /
755mm×645mm
材质 /
亮布
地域 /
贵州

侗族窄腰亮布上衣

芦笙节是侗族民众的传统节日。节日当天，侗族女子通常穿着带有精美刺绣、亮布布料制作的传统服饰进行芦笙表演。图中就是一件精美庄重的侗族亮布服饰。此衣立领圆摆，左衽大襟，窄腰平袖，袖长及手肘，衣身两侧有开衩，腰部有衣带作固定，是侗族较具代表性的亮布衣物。衣身采用黑色亮布为底，透亮、呈青紫色，底摆处镶青绿色素缎襟边，两袖口及领口以各色布条拼接为饰，两襟则以上红下绿色为底的贴布绣布条镶边，且与衣领相连。

侗族亮布是一种经过染色的粗布料，制作工艺复杂，且布料的制作与靛染等染色工艺密切相关，深蓝色基础色上透出微微紫色的布料要经过数次蓝染，加之黄豆浆、鸡蛋清等浆料特殊处理而成，整个过程要历经数月时间。

透过这件衣服就能看到，对大自然中物质的运用，是侗族群众在无数次的试验中发现、掌握并流传下来的民族文化。因此，作为侗族民族服饰文化的一种重要象征，亮布不仅是民族智慧的结晶，还在一定程度上承载了民族历史和文化内涵，是一种精神和物质载体。侗族民歌《恢复祖先俗规》中就唱道："姜良创俗礼在前，姜妹制俗规在后。姜良创俗礼给乡村，姜妹置俗规给后人。父置鸡尾插头，母织侗布着身。一代传一代，一世传一世；过了老一代，年轻人继承，古时流到如今……"[①]

在该衣服的制作中，还采用了贴布绣的工艺手法，在袖口和两襟边缘处体现得较为明显。此外，衣物袖口和两襟边缘处装饰有各种色彩的小花，并与诸多弯曲细线相连，形成一种飘逸灵动之感；反光银条缝于衣服的边缘作装饰，起到规整图案造型、划分装饰板块、保护边缘的作用。

①湖南省少数民族古籍办公室主编《侗款》，岳麓书社，1988，第421-422页。

尺寸 /
1050mm×600mm
材质 /
棉
地域 /
云南

布朗族黑底红色横条纹女腰裙

布朗族妇女平时下着双层腰裙，内裙为白色，比外裙稍长，裙脚边镶饰有彩布滚边和花边，图中的裙子则为一件较有代表性的外裙。此裙为修身筒状，裙长及脚背，裙臀部以上为红色横条，膝下为黑色布块，中间的红色织锦以黑线为经线，以红、白、黑等色为纬线制作而成，整体风格较为简朴。布朗族尚黑。不管是筒裙还是短衫，布朗族人大多以黑色作为底色，黑色是布朗族人奉为祥瑞纳福的吉祥色彩。

布朗族由古代“濮人”的一支发展而来，纺织文化历史较为悠久。《后汉书·西南夷传·哀牢》中载“濮族”地区土地沃美，适宜于五谷蚕桑、染织文绣。在优越的地理环境下，布朗族先民开始养蚕缫丝，发展纺织业，不断织就华丽的绵绢、彩帛，使得民族服饰得以持续发展。

尺寸／
800mm×450mm
材质／
棉麻布
地域／
贵州

苗族蓝染木耳边百褶裙套装

图中为一件典型的苗族百褶裙套装。上衣为右衽V领，窄腰平袖，袖长及手腕，衣长及大腿，腰部有宽约5厘米的腰带作固定，上衣长度及裙边并装饰有各色图案，整体色调深，其中穿插红色、白色、黄色等颜色，给人以调和之美感。

制作百褶裙用的布料，是苗族群众自己种麻然后纺织出来的麻布。裙布的宽窄长短大多量身定制。图中百褶裙无里衬，裙褶遍布裙身且褶量很大，这些褶皱细密平滑而又整齐。裙子边缘为卷曲的木耳状，行走时灵动飘逸、美观大方。裙身下摆处有红色的手工缝线，既有装饰作用又固定了裙褶；底摆处有月季红、果绿色的绲边，这也使得裙子看起来既古朴典雅又灵动活泼；而且百褶裙下部褶较中部宽，整体造型呈伞状，增加了穿者的活动空间，兼具装饰性与实用性。此外，与百褶裙搭配的上衣也有诸多几何及动植物纹样，给套装增添了独特的民族风味。

尺寸／
1210mm×810mm
材质／
花缎、棉布等
地域／
贵州

苗族数纱绣女上衣（一）

黄平位于贵州省东南部，自然地理环境条件较好，郭子章《郡县释名》中谈及黄平土地平坦、颇似江南，在此条件下人们的物质和精神生活也较为充实，图中数纱绣衣服纹样精致、华美绚丽，颇具“江南”秀丽美感。该衣立领宽摆，对襟，宽身平袖，袖及手腕，衣身两侧有开衩，下摆前长后短，领口、两袖及背部均有刺绣作装饰，背部除去方形空余之外几乎通体刺绣。

这件衣服上面绣有各式各样的纹样图案，包括回纹、菱形纹等几何纹样，以及部分蝴蝶、花鸟纹饰等。相较于其他具有民族风味的衣服纹饰，几何纹样所占比重较大，整体秩序感较重，充满理性氛围。

此衣泛着微微古铜色的光，光的形成与布料的制作方法息息相关。民国后期，黄平妇女的盛装面料主要使用化学染料在缎面上染色后捶打制成，最终面料形成闪光的古铜色。此种化纤面料清洗较为方便，色彩也相对丰富，不需要附加染色，化纤染料的使用也让衣服的颜色由靛蓝变为古铜色。以该衣为代表的化纤面料上印有成型花纹，较为美观，也免去一些绣花程序。

尺寸/
1210mm×740mm
材质/
花缎、棉布等
地域/
贵州

苗族数纱绣女上衣（二）

据调查，留存至今的苗族服饰达百余种，尤其是女服，几乎各村各寨各不相同，缤纷多样、绚丽多姿。图中衣服为贵州苗族女性服饰类型之一，立领宽摆，对襟，宽身平袖，袖及手腕，衣身两侧有开衩，下摆前长后短。

尺寸／
1160mm×910mm
材质／
线布、亮布等
地域／
贵州

苗族剖丝绣女上衣

苗族刺绣文化丰富，衣服大多制作精美，富有民族文化气息，该上衣就是其中一件具有代表性的贵州施洞剖绣作品。该衣为无扣开衫，立领对襟，宽身平袖，袖及手腕，衣腰两侧是开衩设计，衣服前长后短，肩连两臂并以拼接的手法贴绣人物、动物嬉戏图案。绣片中的人物、花卉、动物纹饰均为抽象变形图案，且绣片整体基调为大红色，更显喜气。

衣服上半部分遍布纹饰，筒袖、肩襟部位绣有人物纹、龙纹等纹样。龙纹是苗族的吉祥纹样，且苗民绘绣的龙形象更为亲切多变、形态各异，如人骑龙等嬉戏场景。

苗族素有“无花不成衣”的说法，其中施洞刺绣更具知名度。这件衣服上的纹饰就大多运用了精妙绝伦的剖丝绣工艺。剖丝绣又称“破丝绣”，承袭了我国传统“顾绣”的“劈丝”绝技，即将一根丝线剖成数丝，用当地皂角仁加工打光后，按平绣的针法进行刺绣，以绞针锁边，绣出的纹饰针脚整齐，绣面平滑光亮，可谓平、齐、细、密、匀、顺、光、亮，使得衣服的整体效果呈现出整齐划一的秩序感的同时，又不乏灵动美。

尺寸 /
1050mm×880mm
材质 /
亮布
地域 /
贵州

苗族亮布破丝堆绣对襟短袖女上衣（一）

此衣运用了剖绣技法，工艺精湛，直身、对襟、平袖，衣身前长后短，两侧有开衩，袖口向上翻约 4 厘米，穿着时前襟作交领状于腰部固定，装饰部位多蓝色花纹，庄重典雅，为已婚妇女服饰。

此种形制的衣服常见于台江施洞地区，穿搭分盛装、便装两种：便装时女子绾髻于顶，头插木梳，包彩色丝帕；盛装时则上穿大领对襟刺绣纹饰衣，下着青布百褶裙，通身饰银、隆重繁复。

该衣前身主料是靛蓝亮布，后身面料为斗纹亮布。作为一种布面组织呈细小菱形层层套叠纹路的家织布，斗纹布是苗族传统盛装中不可缺少的宝贵衣料之一。织斗纹布时，依据图案规律，用梭子在经线上加纬线，一边加线，一边随即从梭子的背面将纬线压紧，固定布料图案纹饰。苗语称作“昂多”的梭子，用硬木制成，形似无齿木梳。由于工艺复杂，斗纹布织造速度很慢，一天仅能织 1 尺多。该衣后身就是使用了斗纹布，同时结合苗族亮布的制作技艺，通体泛光，形成了波光粼粼的艺术效果。

尺寸／
1000mm×900mm
材质／
亮布
地域／
贵州

苗族亮布破丝堆绣对襟短袖女上衣（二）

该衣与上件衣服形制相仿，同是对襟、平袖、直身，衣身也前长后短，袖口向上翻约 4 厘米，两侧同有开衩，穿着时前襟作交领状于腰部固定。

这件女上衣运用了多种绣制技法，包括堆绣、数纱绣及破丝绣等：衣服前襟及后领口的浅蓝色条状装饰物采用了堆绣工艺——堆绣也称“叠布绣”，为苗族特有的一种手工装饰工艺，该工艺是先将上过浆的轻薄丝绫面料裁剪折叠成极精细的三角形或方形，再层层堆叠于底布之上，边堆边用针线作固定，最终组合成矩形的饰片——从该处的浅蓝色装饰物中可以见到内部三角形元素细密规律地排列，且色彩变换美观丰富，极具民族风味；领口的外边缘和袖身处的几何纹饰是数纱绣技法织物；袖口处与肩部为破丝绣装饰，其中主体纹样为人物纹与花卉纹，此工艺使整体绣面更加光滑细腻、光亮如同绸缎。

尺寸／
1270mm×570mm
材质／
棉布
地域／
贵州

歪梳苗蜡染女上衣

歪梳苗是苗族的一个支系，“歪梳”主要是针对头饰而言，指的是已婚妇女发髻上歪插一把彩绘木梳。歪梳苗服饰众多，该衣就是其中一种。此衣立领圆摆，右衽大襟，窄腰平袖，袖及手腕，衣身两侧有开衩至腰线，右部腰线处用系带固定，是苗族女子服饰。衣服主要由蓝印花布、黑色平绒织物构成，用料较为丰富。底摆处拼有蜡染片，构图精美，蜡染纹样为线条、三角形纹样、星点状图案与花卉飞蛾纹样的组合纹样，纹样设计丰富生动；前腰线处绦子边为红底蓝边花卉纹饰图案；袖子上在左右袖片与衣身缝合处6厘米宽的位置嵌有粉、黄、红三色嵌条，前后部嵌条均缝入袖缝。

该衣是苗族蜡染工艺较有代表性的一件作品，尤其是在衣服下半部分的前后摆上可以较为清晰地识别出包括山川纹、水纹、涡旋纹等纹饰在内的蜡染纹样。其中，在前后腰线相接的中间部位，各有一飞蛾纹样，左右对称。这种飞蛾纹饰极为抽象，带有朦胧而又神秘的美感，是一种集花卉纹、飞鸟纹等于一体的综合纹样，展现出苗族群众丰富而夸张的造物思维。

衣服两袖的中间部位也对称分布着黑底粉白色状飞蛾花作装饰，造型又与下摆处略有不同。这是因为歪梳苗在表现物象之时，不为客观对象所束缚，经常根据自身审美意识与逻辑思考去重新定义纹饰的存在形态，表达对现实世界的主观态度，具有强烈的主观创作意识。衣服的下摆部位还有层次鲜明的山川纹和水波纹，一方面表现出苗族群众对自然物象抽象运用的高超技巧，另一方面呈现出他们对天地山川的憧憬与向往，与“图必有意，意必吉祥”的俗语深度契合。

除纹饰外，服饰的形式也较为和谐，有较为明显的程式化特点：主题图像较大并处于中心位置，下摆处由四层平面图层构成，各个图层中的点、线等几何抽象纹样组成二方连续图案，线条与形状之间的关系处理得当、动中有静，表现出和谐统一的意象效果。这种程式化的排列手法，产生了层次分明的空间关系，充满秩序感与装饰性，也体现出苗族群众精妙绝伦的审美装饰水平。

尺寸／
1360mm×550mm
材质／
棉布
地域／
贵州

花苗刺绣女上衣

该形制类衣服常用作苗族女子结婚礼服，称为“上轿衣”。衣服的领口、前后摆及两袖处全部饰满花纹，且通常配以挑花青布裙，系边缘有蜡染花草纹图案的白布围腰。这件衣服宽大短肥、大领对襟，穿时作交领状，领子后倾，前长后短，衣身两侧有开衩，整体造型呈T字形，两袖腋下的梯形剪裁插片使服装呈蝙蝠袖造型。整个衣领和前襟部位是由一片布直裁而成，且前后衣身下部均有彩色矩形布料拼接，衣摆底部层叠拼接饰有红底四方连续及对称纹样的布块镶边。

整件衣服上绣有大量的蝴蝶妈妈纹、花卉纹等动植物纹饰，单是蝴蝶妈妈纹饰就出现了大于五种的抽象形象，呈现出苗族群众对该纹样的喜爱与丰富的创作思维，也传递出他们对美好生活的向往。领口周围的纹饰分层排列：中间为一组对称的蝴蝶妈妈纹饰，第二层为鱼纹和蝴蝶妈妈纹串联的纹饰，第三层主要为花卉纹饰，最外层则为不同抽象效果的蝴蝶妈妈纹饰。不同层次的纹饰通过黄线加以分割，形成一种较为程式化的表现效果，使得画面更具装饰意味和秩序性。这些纹样大多为金黄色色调，部分掺入蓝色、橙色作中和，这种金黄色纹饰与红色底色等色彩的搭配呈现出一种绚丽华美的视觉效果，传递出热情洋溢的喜庆氛围。

尺寸/
1150mm×600mm
材质/
缎、蚕锦等
地域/
贵州

苗族对襟女套装

苗族舟溪支系分布在贵州黔东南苗族侗族自治州凯里市、雷山县、丹寨县、麻江县内的多个乡镇，服装以凯里舟溪地区为主要代表，图中套装即该地服饰类型之一。该套装由上衣、百褶裙、围腰等组成，上衣为褐色缎面大袖对襟衣，两襟钉有5枚纽扣；下装为青布两片式百褶裙；围腰与两肩袖部饰红、绿相间蚕锦绣，纹饰华美，工艺精湛。

该衣围腰独具特色。“围腰”一词最早见于北周庾信《王昭君》诗：“围腰无一尺，垂泪有千行。绿衫承马汗，红袖拂秋霜。”①图中围腰的制作运用了苗族特有的刺绣技法——蚕锦绣。蚕锦绣，又称板丝绣、茧片绣，是一种将材料与绣法相结合的独特技法。蚕锦又称“板丝”，是将成熟的蚕放置于宽大的木板上，让蚕来回吐丝自然结成一层类似于纸的薄片（能根据需要制取不同厚度，可任意裁剪，也可染成不同颜色）。将蚕锦剪成所需纹样贴补于服装上的方式称为蚕锦贴补绣。此围腰上，就是将蚕锦剪成带光芒的太阳及连排锯齿状图案的贴片，贴绣在底布上作装饰。

两肩处的布料、纹饰与围腰相同。该围腰与两肩处的图案主要有较为抽象的太阳纹、铜鼓纹、蝴蝶妈妈纹等，具有象征意义。向外辐射光芒的太阳纹代表了苗民的太阳崇拜心理；铜鼓纹是铜鼓作为礼器发展而来的，承载了苗民对先祖的敬重与缅怀，主要用于祭祀场景。同时，图案使用了多种配色，极具识别度，可见苗民对色彩的使用较为灵敏，也传递出其独特的审美意识。

① 彭黎明、彭勃主编《全乐府（三）》，上海交通大学出版社，2011，第 128 页。

尺寸／
1220mm×730mm
材质／
棉布
地域／
广西

中堡苗刺绣粘膏染盛装女上衣

南丹县内苗族有两支：一支叫“红苗”，一支叫“花苗”。“红苗”居住较为分散，且民族习俗已与其他民族同化；但“花苗”仍在使用粘膏染等传统工艺且居住集中，主要分布于中堡乡和月里镇两地，统称为“中堡苗”。该衣就是中堡苗一件较有代表性的民族服饰：上衣为无领贯首衣，整体呈T字形，前衣稍短及胸腹，后衣长至腰臀；主体以青黑色为底色、以红橙色为主色调；刺绣纹饰多为点、线、面组成的几何纹样，较为鲜艳华丽。

粘膏染与蜡染的防染原理相似，但是防染材料与绘制工具不同，所产生的艺术效果也有所不同。中堡苗绘制粘膏染图案的防染剂一般为粘膏脂和牛油混合而成的粘膏液，工具多为大小各异的自制金属笔及水消笔、尺子等，绘制的图案大部分为几何状的回字形、折线形或直线等图形，线条细且直、结构性较强。

尺寸／
1050mm×820mm
材质／
棉布
地域／
贵州

四印苗盛装女上衣

“四印苗”是以皮姓、王姓为主的一支苗族麦格支系，因服饰前胸、后背、左右两肩皆绣有特殊印章而称“四印”，当地苗民自称“四印苗”。“四印苗”的祖先以前专门替苗王掌印，因战争失利而走散，途中为方便与苗王联系，在服饰的前胸、后背及左右两肩绣制印章图案，由此代代相传，后来“四印”逐步演变成族人衣服上的装饰。

该衣为四印苗支系一件较具代表性的服饰：衣服前短后长、贯首穿着，穿时为翻领，下搭百褶裙。主要制作工艺为十字挑花刺绣和蜡染，挑花纹样以排列的漩涡纹和方形纹为主，蜡染纹样则主要为方形的几何纹样。

尺寸／
1750mm×550mm
材质／
棉布
地域／
贵州

革家蜡染女子盛装

革家是一个历史悠久的族群，据称与苗族始祖蚩尤有着一定的族源关系：革家是蚩尤九黎部落的一个支系，负责作战。如今革家女装中铠甲、盾等元素即对历史的再现，图中衣服就是一件较有代表性的革家女子服饰：该衣由红缨帽、绑腿及层次丰富的衣裙片构成，主体纹饰由以太阳纹为中心的蜡染图案组成，蓝白相间、简洁明快。

该衣头饰为白箭射日造型，寓意阴阳结合，意在祈求人丁繁衍，是革家生殖崇拜的象征。此外，据传革家先祖立战功后获赐铠甲，而该衣也有贯首飘铠部件，这种依照铠甲模样制作衣服的行为也是革家祖先崇拜的表现，可见尚武文化传统渗透于革家人生活的方方面面，也是族群的文化标志。

此外，该上衣运用了蜡染的工艺技法，虽只有蓝白二色，但是革家妇女在对点、线、面及疏密技法等的掌握中，呈现出构图多样的画面内容。该蜡染纹饰以太阳为中心点，以几何纹、动物纹等辅助装饰，表现出革家人对万物生长依靠太阳这一朴素而又科学的真理的认识，也是族群太阳崇拜观念的展现。

尺寸／
1110mm×820mm
材质／
棉麻
地域／
贵州

苗族蜡染上衣

蜡染是黄平苗族的传统工艺之一，取材广泛、样式丰富，花鸟虫鱼、传说故事、几何图案均可入画，图中上衣就运用了蜡染制作技艺。该上衣立领对襟，宽身平袖，袖及手腕，左、右及后摆开衩。整件衣服装饰工艺极为丰富，花纹遍布整个衣身，对称而繁复。

衣服前后均有抽象枫叶纹作装饰且占据主体位置，该装饰传统由来已久：苗族群众认为枫树是苗族的象征，《苗族古歌》中也讲述了枫树与苗族始祖之间有着密不可分的关联。所以对枫叶元素的使用与苗族的祖先崇拜密切相连，人们希望通过枫叶祈求祖先庇佑，以达到消灾避邪、人畜兴旺的目的。

尺寸／
1100mm×500mm
材质／
棉布
地域／
贵州

布依族蜡染女式套装

布依族是由古代“百越”的一支发展而来。布依族妇女善蜡染、纺织等技艺且技法高超，自纺、自织、自染的传统手工技艺传女不传男，以母亲传给女儿为主要传承方式。图中衣物就是布依族较有代表性的女式套装，纹饰优美，造型雅致。

上衣为立领小偏襟，无扣单里，下摆微微起翘，衣身两侧开衩。领边和后摆边缘有多种不同肌理的彩色几何织锦纹饰，肩背部位用彩线编网绣制色块组成环带状装饰，左右两袖各装饰三节蜡染纹饰：上下两节皆为窝妥纹蜡染片，中间一节为太阳纹蜡染片。下裙呈围合式，系带于腰间，裙身有褶且细密排列，中间有约 40 厘米无褶，穿时将其置于前中。裙子外形挺括，装饰纹样分上下两节，上方主要由窝妥纹等几何纹样组成，下方由点状纹饰构成，上密下疏、秩序性较强。清乾隆《南笼府志》中就有布依族妇女衣短裙长、衣色青蓝的记载，可见该样式由来已久。

尺寸／
580mm×470mm
材质／
棉布
地域／
贵州

苗族对襟开衫马甲

该马甲立领，对襟开衫，前短后长，纹样以几何纹及花卉纹为主要装饰图案，整体色彩由红黄色和黑色构成，为苗族便装服饰。马甲整体极为对称，不管是两襟处的几何纹饰，还是肩部、胸前的花卉纹饰等都运用了对称的构图手法，具韵律美与节奏感，是苗族群众创作智慧的结晶。

尺寸／
900mm×530mm
材质／
绒布
地域／
贵州

苗族花带围裙

西江是贵州雷山的下辖镇，有近千户苗寨，由 10 余个依山而建的自然村寨相连而成。这里不仅是中国最大的苗族聚居村寨，也是保存苗族原始生态文化较为完整的地方。当地寨内苗族姑娘们跳舞的服饰以长裙为主要特征，所以被称为“长裙苗”。

“长裙苗”妇女通常内穿黑色百褶长裙，裙长至脚踝，外搭一条“花带裙”围裙，图中就是其中一种类型。该花带裙由20多条绣花片组成，色彩浓重而艳丽，以红、黑、黄、绿等色彩为主，上面的刺绣多为平绣，有牡丹、荷花、大雁、仙鹤、蝴蝶等纹饰。花带在穿着者舞蹈时会随动作飞扬起来，给人飘逸灵动的美感，颇具装饰效果。

尺寸／
2200mm×740mm
材质／
棉
地域／
贵州

苗族围腰

该围腰整体为方形，呈条状构图：中间大段绣有繁密的五色动植物与人物纹样，两侧（黑色为织物本色）绣有动物与花卉纹饰，系带上绣有规整几何纹样图案。围腰主图为龙纹，穿插着鱼纹、蝴蝶妈妈纹等多子吉祥纹样，下半部分随处可见幼子与动植物等嬉戏的画面，传递出苗族群众对多子多福、生命延续的渴望。苗族刺绣纹样“求其态而不求其形”，所以在该围腰中还有诸多同属一种动物的抽象变形图案，如鱼龙、鸟龙等。这种联想组合手法给予了纹样超自然的神奇力量，具有符号属性。

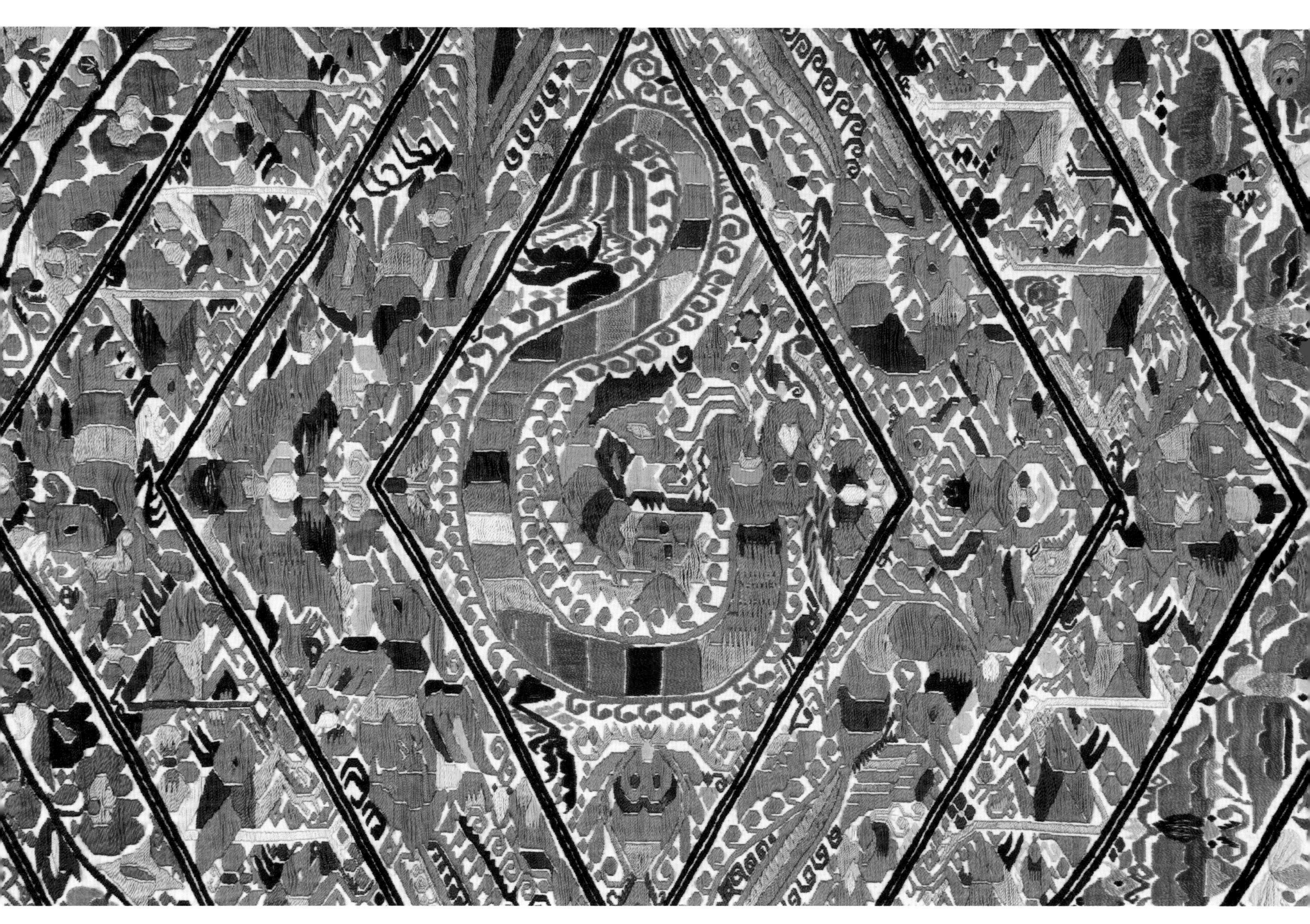

尺寸/
550mm×440mm
材质/
棉麻
地域/
贵州

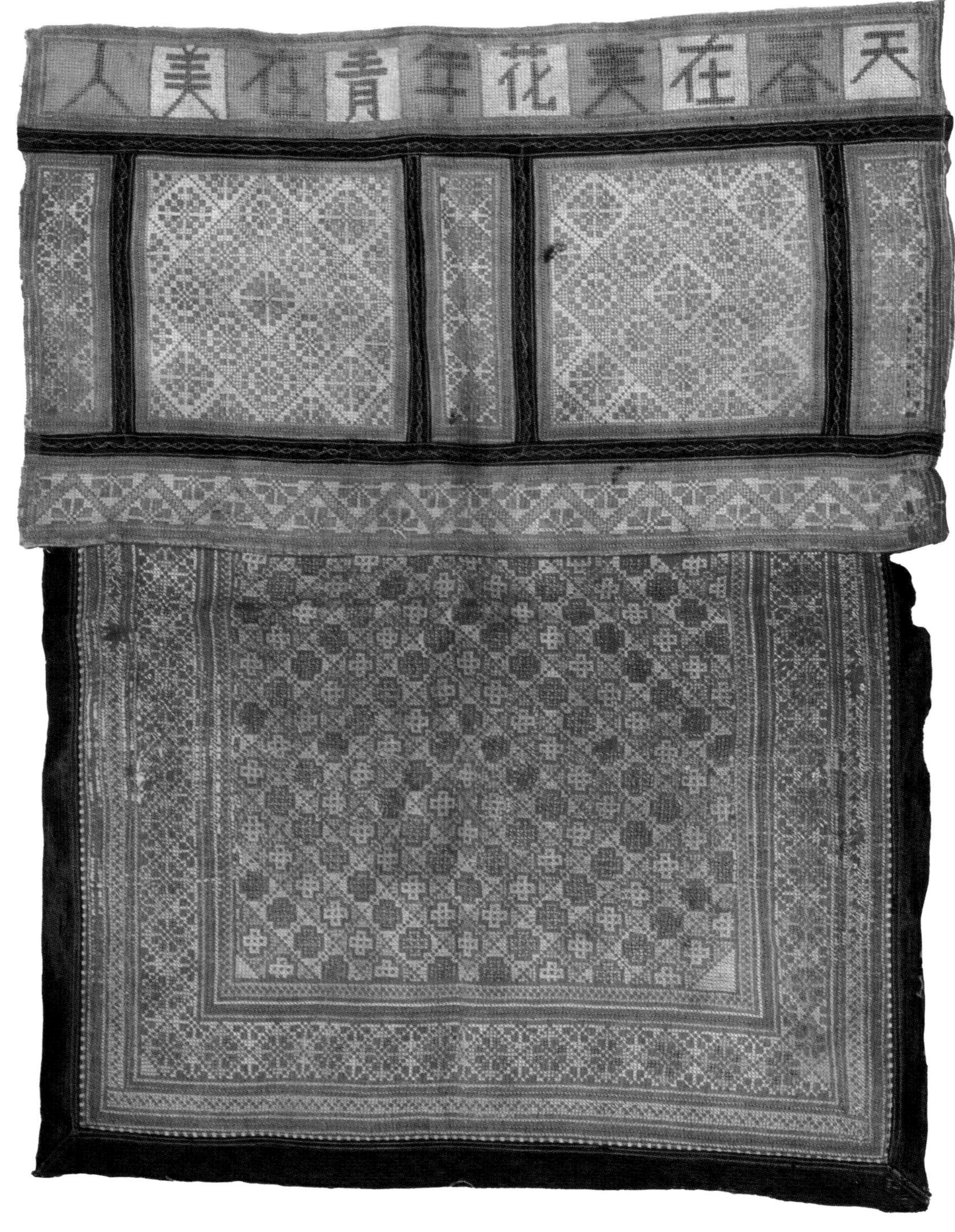

苗族十字绣背扇

背扇又称背儿带，是西南民族地区背小孩用的襁褓。作为重要的生活用品之一，背扇也是一种民间艺术，世代相传。该背扇呈矩形，主要由红色构成，黑色、绿色及白色等作配色；顶部有蓝绿线绣制的文字图样“人美在青年花美在春天”，字体底部色彩为黄白穿插，并以红色作分割，表现出苗族群众的审美观念，以及对生活的积极态度。

对称是苗族纹饰遵守的一条美学原则，这件背扇就呈现出较强的对称性表现效果。它以中心轴为分界线左右对称，具有独特的韵律感，表现着充满艺术感的民族文化。

整件背扇没有空白，全部被或对称、或统一的装饰纹样占据，满而不乱、多而不散，充满独特的民族风味，具有艺术特性。其中主要的装饰纹样为花卉纹与几何纹，纹饰制作运用了十字绣的绣制技法，即利用布料的经纬交织点刺绣斜向的“十”字作为最基本的单位，再用同等大小的斜“十”字线迹排列成设计要求的图案。该绣制工艺不仅在苗族地区盛行，其他民族地区如瑶族、侗族、羌族及汉族地区均能见到与之相关的绣制手法。

尺寸/
1040mm×550mm
材质/
棉麻、马尾等
地域/
贵州

水族马尾绣背扇（无带）

马尾绣是水族妇女世代相传的以马尾巴毛为主要原材料的一种特殊刺绣技艺，于2006年被列入国家第一批非物质文化遗产名录。该背扇整体上宽下窄、呈T形；整块绣布为棕色色调，较为庄重含蓄；运用马尾绣工艺绣着多种较为抽象的花卉与几何纹饰。

以马尾巴毛作为原材料进行刺绣有三个较为明显的好处：其一是马尾本身不易变质，经久耐用；其二是马尾质地偏硬，但柔韧性较强，易于造型；其三是马尾含有油脂，用以制作的丝线会更有光泽。关于马尾绣无起源记载，但在水族民间习俗中能够发现，马在民众生活中占据重要地位：水族男女大多自幼学习骑术，赛马在民族盛大节日中也作为庆典项目出现。

该背扇的构图也有独有意味：母体图案是一个大型的太阳纹饰，作为背带的主体纹饰处于中心位置，意为孩子在太阳神的庇佑之下茁壮成长；子体图案为花鸟纹、云霞纹、动物纹等吉祥图案，分布于母体图案周围。二者共同构成了一个吉祥图案系统，意在祈求孩子无病无灾、健康安全地长大。

尺寸/
1650mm×960mm
材质/
棉麻、马尾等
地域/
贵州

水族马尾绣背扇（有带）

图中物件为水族背扇中的一种，形制与上件类似：两者同为T字形构图且上宽下窄，同样有着诸多纹样装饰其中。

水族、苗族群众世代相处，所以在水族刺绣作品中可以见到苗族常用的刺绣图案，如在此件背扇的上半部分和下半部分，都可以见到苗族传统装饰纹饰蝴蝶妈妈，呈现出民族文化融合的特征。此外，该背扇太阳纹饰周围的辅纹较上件更繁复多样、线条更细密繁丽，这是水族人民创意的体现。对于太阳花纹的造型，水族人民则抽象运用了一种较为夸张的表现手法，即将太阳纹饰表现为一朵颜色艳丽的大菊花，将象征光芒的火苗抽象为同构的一个个纹饰紧贴于其周围，从而呈现出一个装饰华美的纹样结构。

饰品类

尺寸 /
300mm×280mm×720mm
材质 /
银
地域 /
贵州

苗族凤尾银冠

银饰是苗族女子传统的服装饰品，以大为美、以多为美，图中银饰为凤尾状银冠，银凤冠亦称大花帽。此冠造型美观、工艺精巧，冠顶满是银质花片，花片上焊有银丝制成的螺旋状支杆，杆尖遍布盛开的、错落有致的上百朵银花，状如花篮。除银花外，凤冠顶部嵌有较抽象的蝴蝶；银冠周围环绕刻有吉祥纹饰的条形薄银片，银片下挂有数十根银坠；银冠后垂吊长至腰的银羽尾，整体形似凤凰，十分灵动。

银凤冠是苗族凤鸟崇拜的体现。对于凤鸟形象的较早记载，可追溯到《诗经》，“天命玄鸟，降而生商”中的玄鸟就是凤鸟的原始形态；凤鸟还出现在苗族的神话中，并与苗族始祖姜央关联密切，具有图腾崇拜的意味。

尺寸／
250mm×220mm×210mm
材质／
银
地域／
贵州

苗族银花大平帽

苗族银饰精致美观且装饰图案相对固定，多取材于花、鸟、虫、鱼等动植物，极具观赏性，该花帽就是苗族银饰中的一件精美头饰。帽体呈圆形，是包裹头帕之后饰于头帕上的装饰物，为苗族盛装配件。整个花帽焊有凤鸟、花卉、蝴蝶及人物纹等纹样，造型精美生动。

苗族银饰约在明代开始大量出现，这一时期社会经济有了进一步发展，生产关系得到缓解，人们的生活水平有所提升。明代以后，银作为一般等价物日渐普及，为银饰的加工提供了材料，银饰的流行成为趋势。明《黔记》中有载，富者以金银作耳饰，清《苗俗纪闻》中也谈及苗族不论老少都佩戴银手镯，可见苗族佩戴银饰的习俗由来已久。

苗族腰子形银压领

银压领流行于苗族地区，是苗族女子的一种颈间佩饰，由项圈和吊饰组成，主要作为压领之用，使衣领平直整齐。该银压领为腰子形，表面有凤鸟纹、龙纹等吉祥纹样，具有吉祥的象征意味。

银压领从长命锁演变而来。汉代“长命缕”是长命锁的初始形态，是一种为避祸于端午节时悬挂于门楣的五色彩线；发展到明代逐渐演变为儿童专用的颈饰，后逐步发展为长命锁。当前苗族的银压领虽与原型相去甚远，但都保留着趋吉避祸的美好寓意。银压领的佩戴多见于苗族的盛大活动中，通常与不同的颈部饰品搭配使用，如银项圈等，以表现出一种华丽、繁复的艺术美感。

尺寸／
500mm×260mm×30mm
材质／
银
地域／
贵州

尺寸／
500mm×260mm×60mm
材质／
银
地域／
贵州

苗族链型绞丝麻花银项圈

银项圈是苗族胸颈饰的代表性饰品，在苗族服饰搭配中有着不可忽视的作用，具有强烈的装饰性艺术意味和民族风味。该饰品为苗族银项链，属于银项圈的一种，其链型部位是用银条相互穿插、连续编织而成，两端通过银丝缠成管状相连，通体银质。

该项圈主体部位为绞花型，整体器型大而繁复，且花型整体带有规律色彩，表现出较为秩序化的装饰行为；同时，基于一种线的视觉元素，左右上下穿插，形成立体的四方连续的表现效果，华丽又不失精美、繁复中不失简洁，既呈现出优美的视觉造型语言，又营造出独特的空灵之感。银项圈中环环相扣的银圈样式也具有独特的象征意味，即生生不息、多子多福的吉祥寓意，承载族人对于生命繁衍延续的希冀与愿望，表达了族人对于生活的认识与理解。

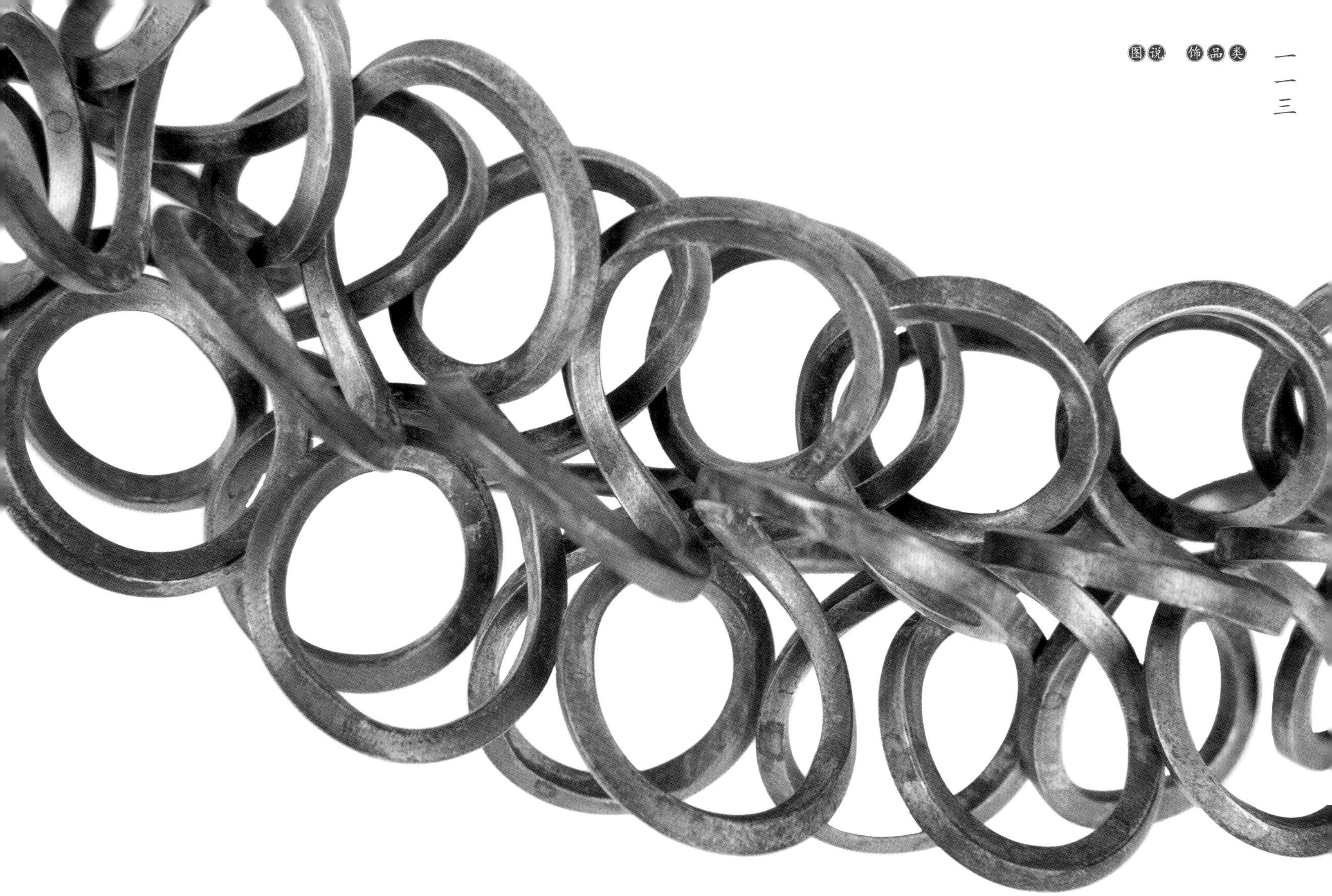

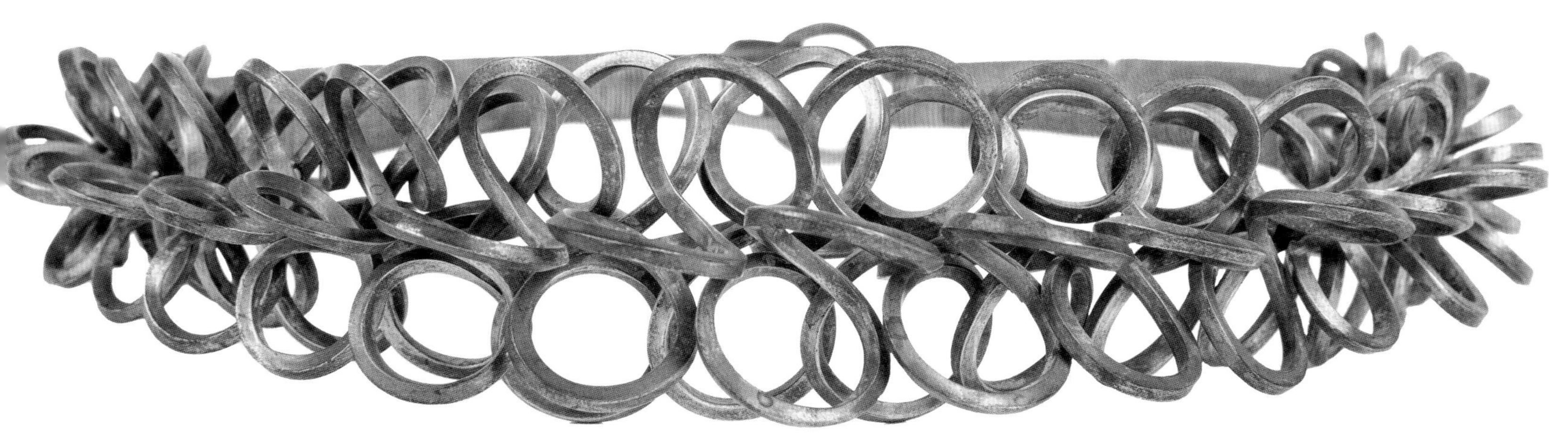

尺寸／
650mm×260mm×35mm
材质／
银
地域／
贵州

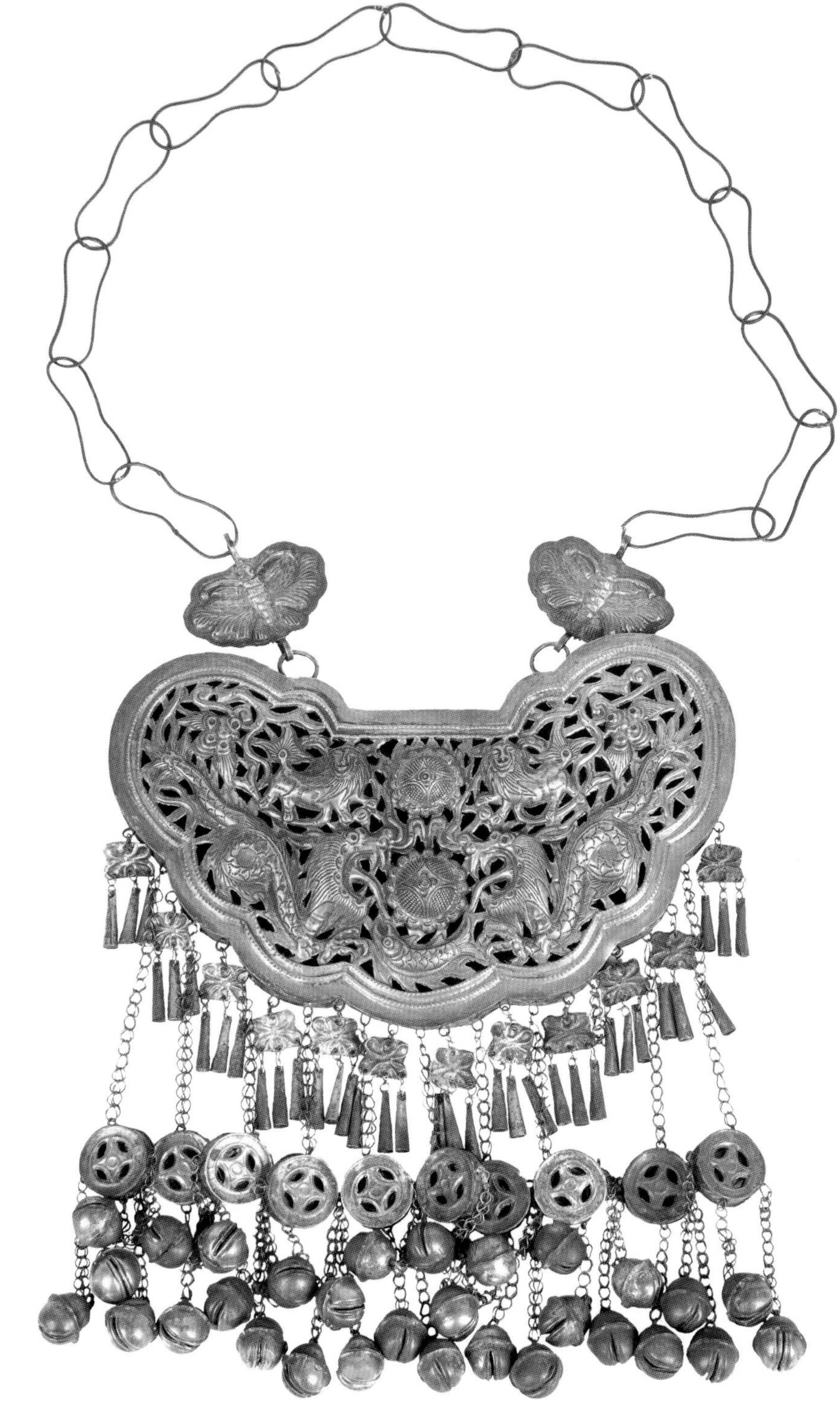

侗族双龙狮戏珠银压领

该银饰为侗族锁形银压领，主体部分中间为沉重的锁形构造，其表面有镂空二龙戏珠与双狮戏球纹样；主体上方为由多个蝴蝶纹饰连接组成的锁链；主体下部有众多套环形吊坠形成的垂线，其间有规律地坠有银铃及环形圈饰，它们会随着人体的移动而碰撞，继而发出温润悦耳的声音。这不仅是侗族银饰庄重繁复的表现，更是实与虚、动与静的巧妙融合。此外，主体纹饰下方有诸多银钱形吊坠，这是侗族传统交易习惯的表现——银饰最初被当作“钱饰”使用，一些地区直接将银币用作衣饰，所以民众会将银钱以纹饰的形式钉扣在服饰中。

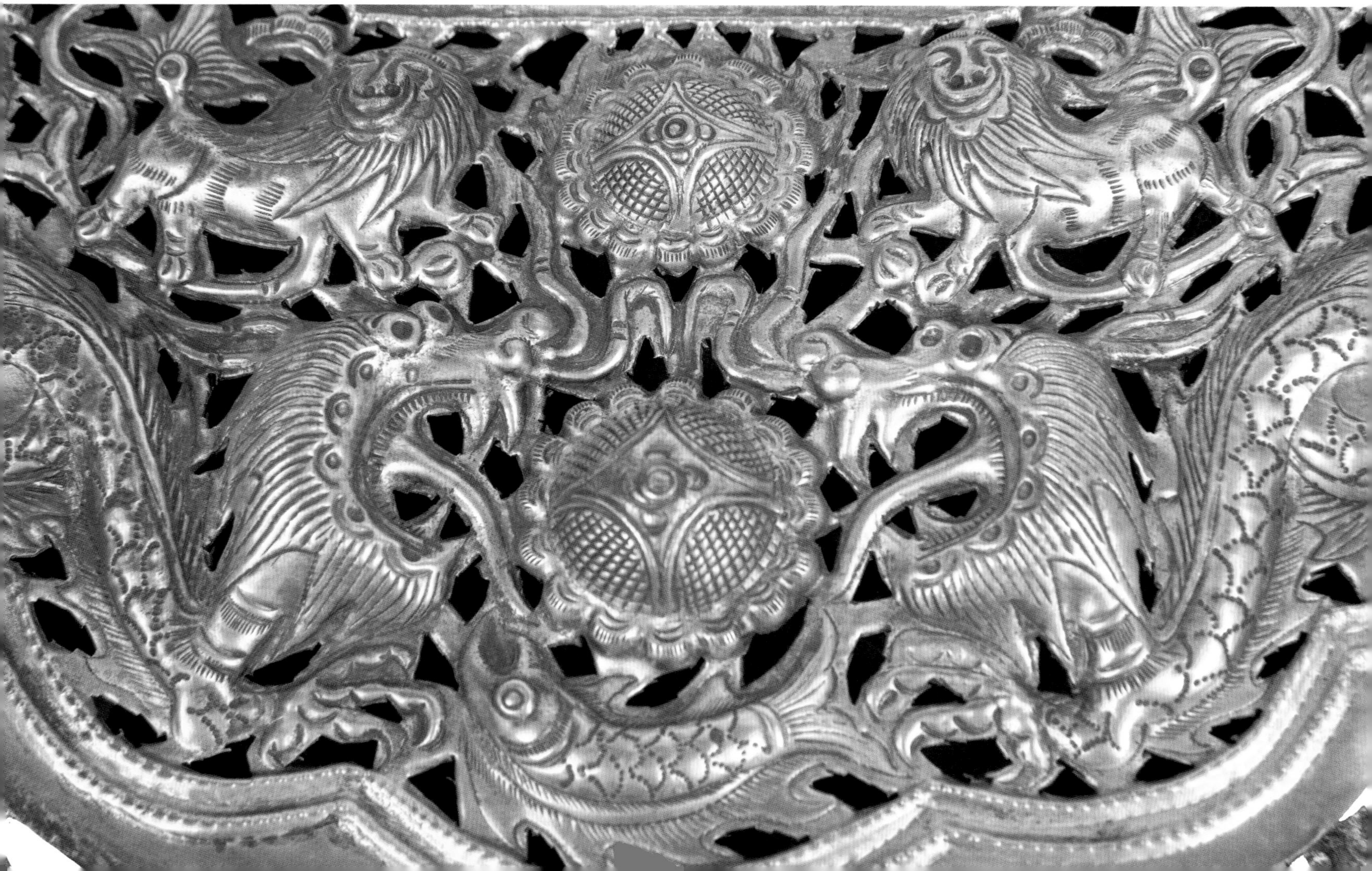

尺寸／
310mm×300mm×45mm
材质／
银
地域／
贵州

苗族圈型龙纹錾花银项圈

在传统的汉族文化体系中，龙纹是权力的象征；而苗族则将龙视为祈福纳祥的吉祥神，带有平权色彩，因此龙纹经常作为装饰纹样出现于各种器物表面，图中银项圈就是苗族龙纹器物之一。该饰物整体构造呈圈型，从大到小环环相套，共5圈，定型后不可活动，银饰共分为四节，且以二、三节中线为分割线两两对称，饱含对称之美：二、三节为变形对称龙纹，一、四节为对称动物纹，造型雅致。

在最外侧一、四两节处各有一对称的犬状动物纹。犬状纹饰是苗族的图腾印记，其形象常被应用于服饰的制作中。关于神犬，较早的说法来自《后汉书》中“其毛五采”的描述，在传说中，五色犬将谷种带回苗家，是机智勇敢的代表。同时《说蛮》有载，贵州有一支尊奉犬为图腾的族群，被称为“狗耳龙家”，该族因妇人的螺蛳髻编发形似狗耳而得名。苗族至今仍保留着犬崇拜的印记，具有独特的民族信仰色彩。

尺寸/
240mm×230mm×25mm
材质/
银
地域/
广西、云南等

苗族十二生肖纹七穿银排圈

苗族十二生肖的排列是巳、午、未、申、酉、戌、亥、子、丑、寅、卯、辰，因此苗族称旧历一月成为蛇月、二月为马月……每月按三十天计算。苗族《节气歌》中又将一年分为六季，其中兔、龙两月雪凌铺地，杀猪过年、娶亲嫁女。所以苗族过去一般在兔月过“苗年”，但是后来随着民族间社会交往日益密切，也会跟随其他民族一起过春节，图中项圈就是民族文化融合的产物。

该项圈为七穿造型，由内及外圆径递增，由银片制成，每一圈的纹饰从左到右依次为子、丑、寅、卯、辰、巳、午、未、申、酉、戌、亥，并不是苗族传统十二生肖的排列方法，可见汉文化的强大辐射力，也表现出苗族群众对生肖文化的钟情。

尺寸/
230mm×190mm×25mm
材质/
银
地域/
贵州、云南等

苗族乳钉纹银项圈

该银饰共饰有三排乳钉纹，且纹饰体积自外而内、自中心向两侧逐渐减小，整体造型呈圆弧状，为苗族女子节庆配饰。银项圈的大部分装饰为乳钉纹，乳钉纹因有乳房之形得名，即半球状凸起之纹样。《周礼·考工记·凫氏》中谈及钟带为篆，篆间则叫作“枚”，后郑众注“枚”为钟乳。所以乳钉有哺育、繁衍的生养之意，苗民对该纹饰的应用反映了他们对生命繁衍、种族延续的希冀。

尺寸／
290mm×280mm×35mm
材质／
银
地域／
贵州、云南等

苗族乳钉龙纹银项圈

少数民族银饰是一个自成系统的符号世界，对外显示的是具有民族特征的风格，对内则表现为民族特有的文化习俗。图中银饰除外在的乳钉纹形民族装饰特征外，也是苗族群众节庆场合的配饰，饱含民族文化韵味。

银饰整体呈圆弧状构造，分三个部分：除项圈中带有乳钉纹的主体部分外，其上方另有两个回旋锁扣，锁扣上亦有乳钉纹装饰；在项圈两侧尽头与锁扣连接处，各有一抽象链体龙纹，极为形象立体。

该银饰制作精良、工艺复杂，整体纹饰采用了花丝工艺的制作手法。花丝工艺是指用金属细丝经堆、垒、编、织、掐、填、攒、焊等手工技法制作造型的工艺。该工艺在构图上一般以对称为主，且讲究线条的形式感，追求点线面的结合，具有“以体托线、以线画体、体线并重”的特色。苗族的花丝工艺以家庭手工作坊为主，技艺多来自祖辈传承及后天积累。

尺寸/
250mm×240mm×20mm
材质/
银
地域/
贵州、云南等

錾花透空龙纹银项圈

该银饰为圆弧状构造，银饰宽度自中心向两端逐渐变窄，两端各有一对称回首龙形饰物，为苗族民众节庆盛装配饰。银饰的装饰主要包括龙形纹、花卉形纹等，花卉形纹大小随银饰宽度的变化而变化。

该银项圈制作工艺十分精良，采用了镂空的制作工艺。镂空又称透雕，透雕之前，花纹与物件融为一体，经过镂空之后花纹才能显现出来。镂空效果较早见于古代青铜器制作中的失蜡法。失蜡法是以蜡铸形、裹以模具，再用高温液体浇筑，为一次成型。两种工艺最终呈现出立体镂空的表现效果，有着异曲同工之妙。

尺寸/
480mm×400mm×40mm
材质/
银
地域/
贵州

苗族龙纹银项圈

该银项圈为代表性的苗族银饰，整体呈双层，以银片相拼合，里层扁平，表层呈半弧状，其上刻有镂空二龙戏珠图案。项圈下垂坠数十串银铃吊饰，上有蝶、鱼、银铃等形象，其中的蝴蝶妈妈纹和鱼纹不仅是装饰性饰物，还蕴含着苗族群众对先祖的崇敬，以及对子孙绵延、美满生活的向往。银饰整体工艺复杂、造型饱满，为苗族银项圈中的精品。

尺寸／
350mm×280mm×45mm
材质／
银
地域／
贵州、云南等

龙形錾花银项圈

该银饰整体呈环状，且两端各有一外延龙形为饰；银饰主体纹饰为二龙戏珠纹样，辅之以凤鸟纹、花卉纹等动植物纹饰。器物整体庄重又具律动感，极富审美意蕴。

该银饰花纹皆采用了錾花工艺的制作手法。所谓錾花，是利用錾子把图案錾刻在金属表面，并通过敲击器物表面，形成凹陷和凸起的造型样式，以得到立体的表现效果，这种做出浮雕的方法称为錾花工艺。在整个錾花过程中，凹陷和凸起是交替进行的，凹陷必须配合凸起，二者相辅相成。

錾花工艺最早可以追溯到青铜时代。这一时代出现了一系列常用于祭祀场景的重型礼器，其中出现的金银错、錾刻纹等已经隐约地显现出錾花工艺的雏形。后至唐代，该金属制作工艺渐趋成熟，甚至需要数十道工序才能完成一件錾刻作品，除了制作者良好的技艺，往往还要依据不同的加工对象制作相应的錾刻工具、摹绘图案等，制作过程较为复杂。

尺寸／
300mm×300mm×30mm
材质／
银
地域／
广西等

壮族錾花浮雕动物纹银项圈

壮族银饰过去普遍盛行，《广西各县概况》有载，桂东南的壮家少女佩戴银质簪环，图中银项圈就是壮族银饰中的一种。该银项圈呈圆弧状，内外侧扁平，两端各有一乳钉纹对称分布，且以太阳状纹饰为中心点，左右两侧各有一对称蛙形鱼头纹和鱼纹作装饰。

蛙纹在壮族地区是一个极为重要的文化符号。李调元《南越笔记》有载，在岭南壮乡，农民以蛙声预测水旱，民间也有“青蛙闹，雨水到”的说法，可见青蛙与农事耕作有密切关联，蛙纹带有自然崇拜的意味；蛙的繁殖能力很强，壮族群众也希望通过这种强大的生育能力实现人丁繁衍的愿望，因此蛙还是原始生殖崇拜的象征。

蛙纹的使用由来已久，早在春秋战国至秦汉就有相关记载，《战国策·赵策》谈及瓯越之民纹身被发等。“瓯”在壮语中与“蛙”同音，即蛙纹为部落的氏族印记，具有区分氏族，以及图腾崇拜的属性。

尺寸 /
290mm×270mm×40mm
材质 /
银
地域 /
贵州

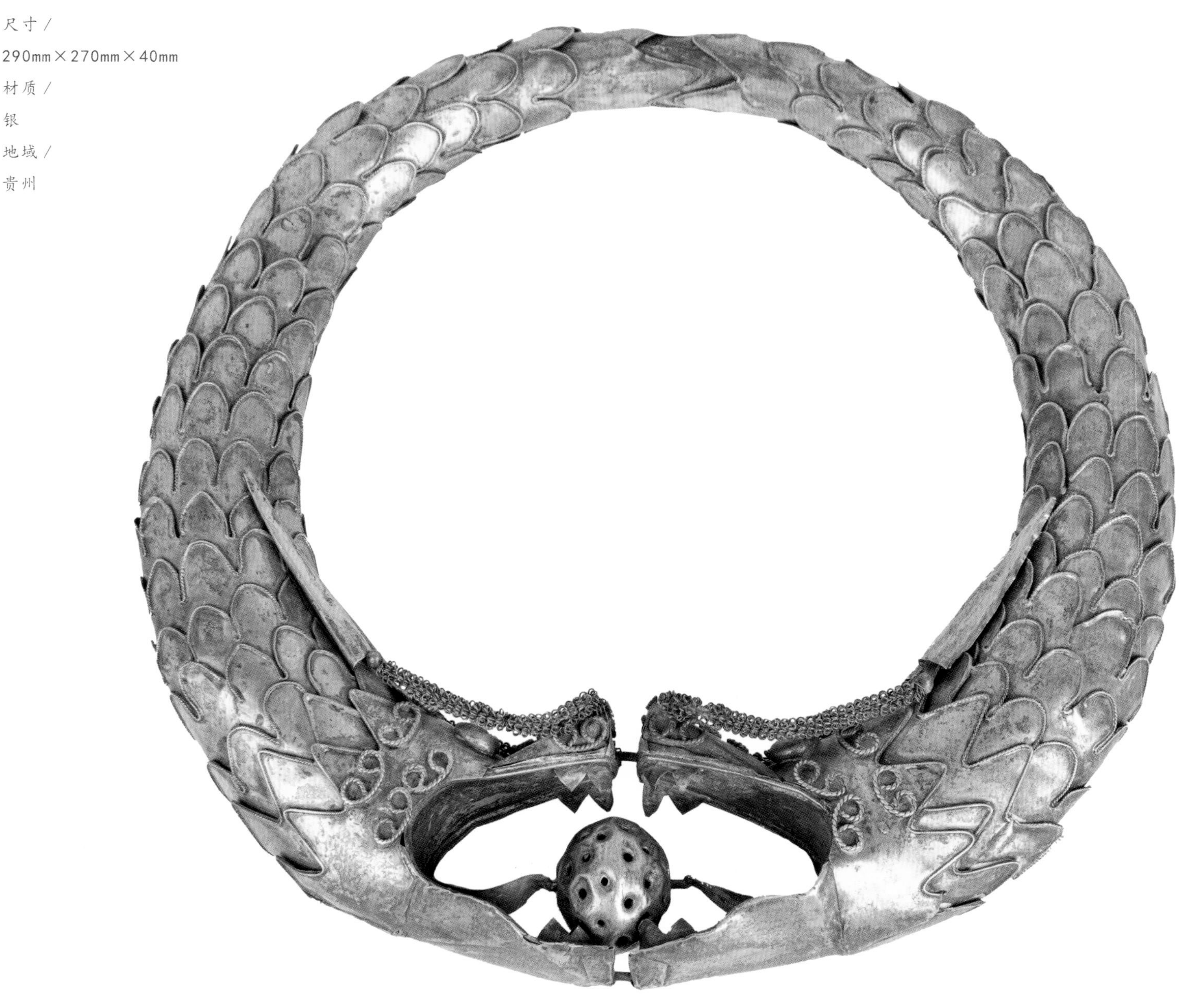

水族双龙抢宝银压领

水族银饰的加工工艺主要包括融化、锤炼、模压、錾刻、镂空、掐丝、焊接等几种方法，器物造型富含水族特色，图中银压领就是较有代表性的水族银饰。该银压领整体为二龙抢宝造型，器型自中心向两端逐渐变小，且双龙尾部相连，为一体式构造。银饰整体造型立体雅致、极为壮观，是水族民众智慧的结晶。

银压领是水族女性佩于胸前的大型饰物，是水族银饰中较为精致的品类。该银饰的技术含量较高：先是选取银皮，錾刻相应图案之后焊接成半圆状的空心底板，再将银丝或银片制作成二龙抢宝形状镶到底板上，最后将已经成形的锁链等饰品镶于造型之上。其中，花丝编织而成的龙鳞造型更为精巧细致。花丝工艺也是水族银饰较有代表性的制作工艺，该技艺以花丝造型，精细至极，具有浓厚的民族特色。

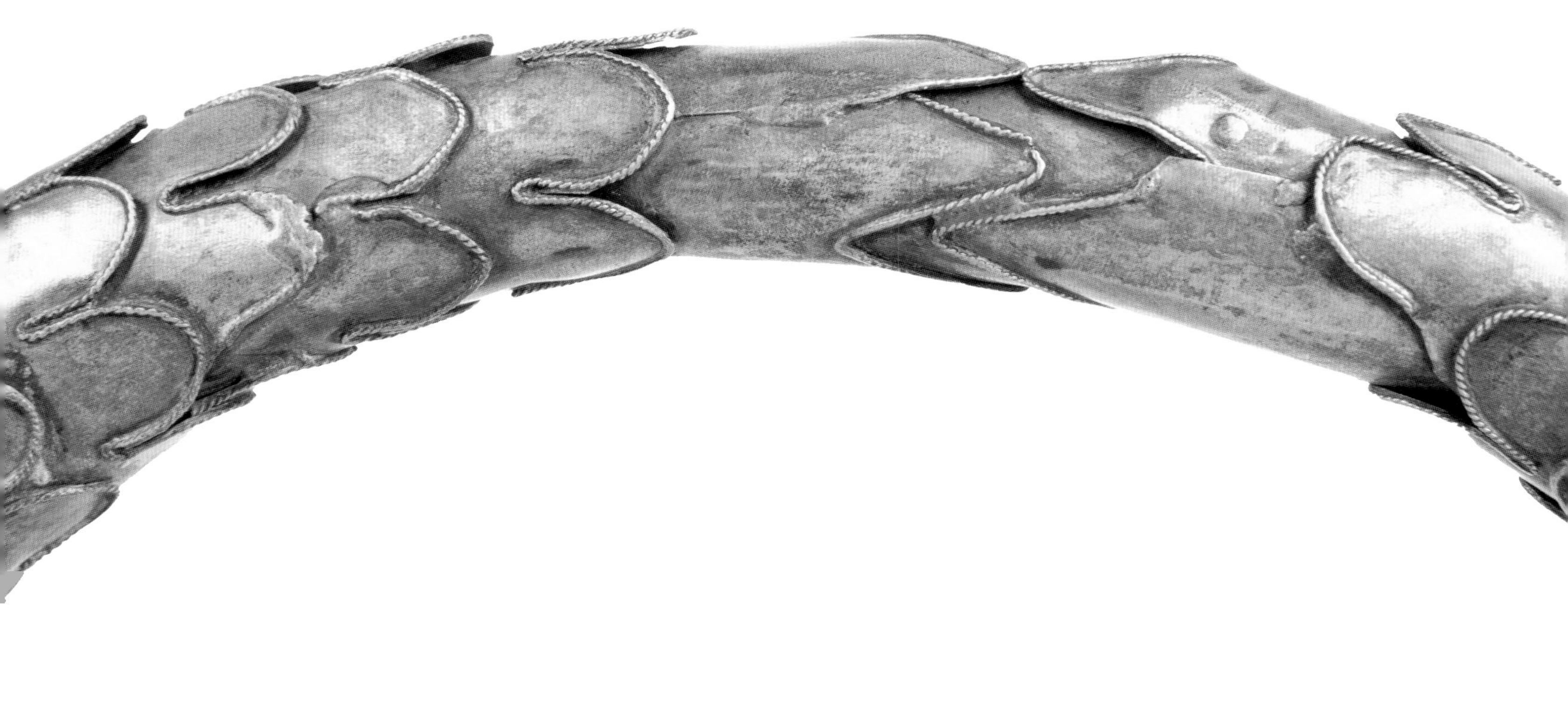

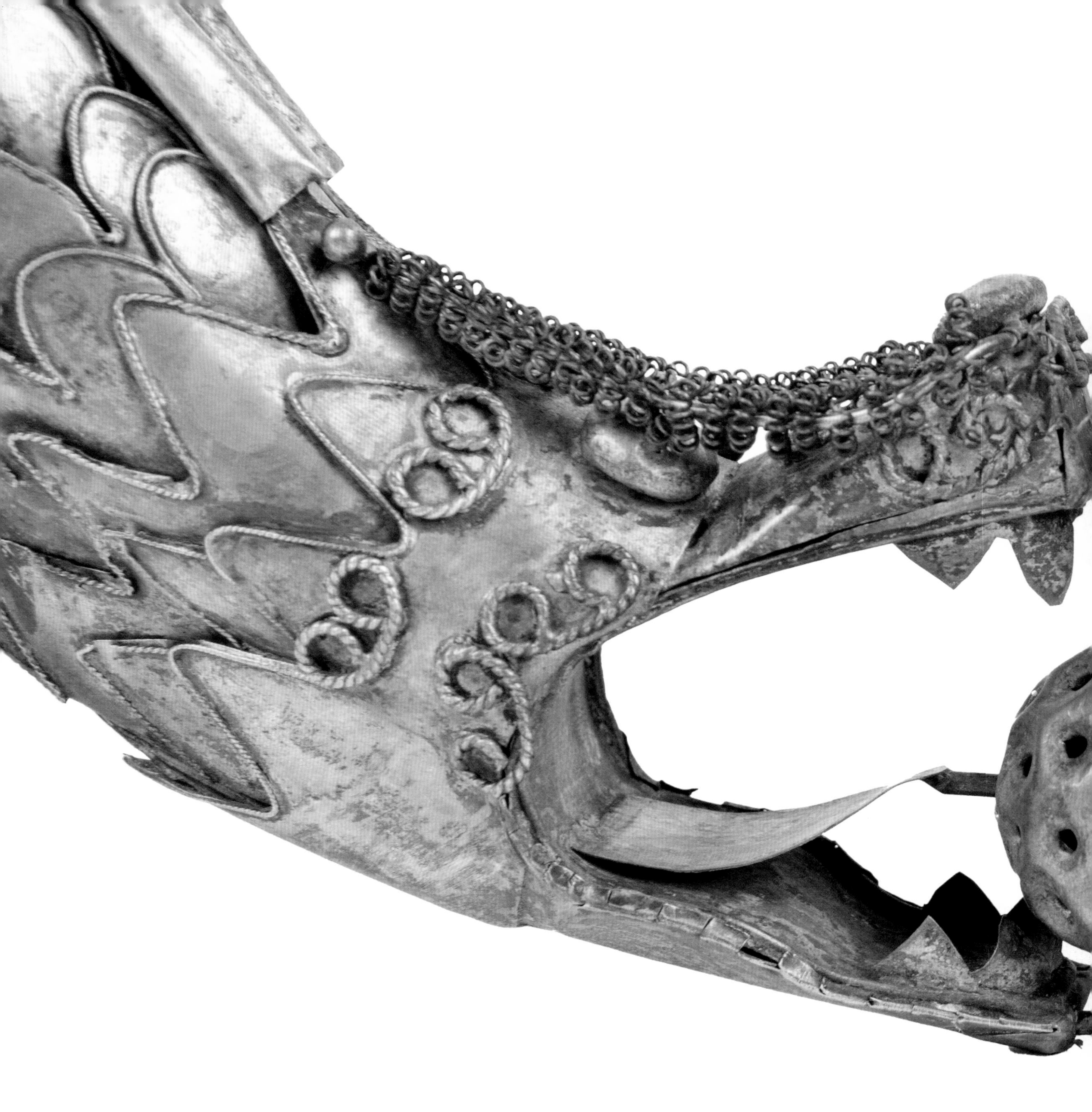

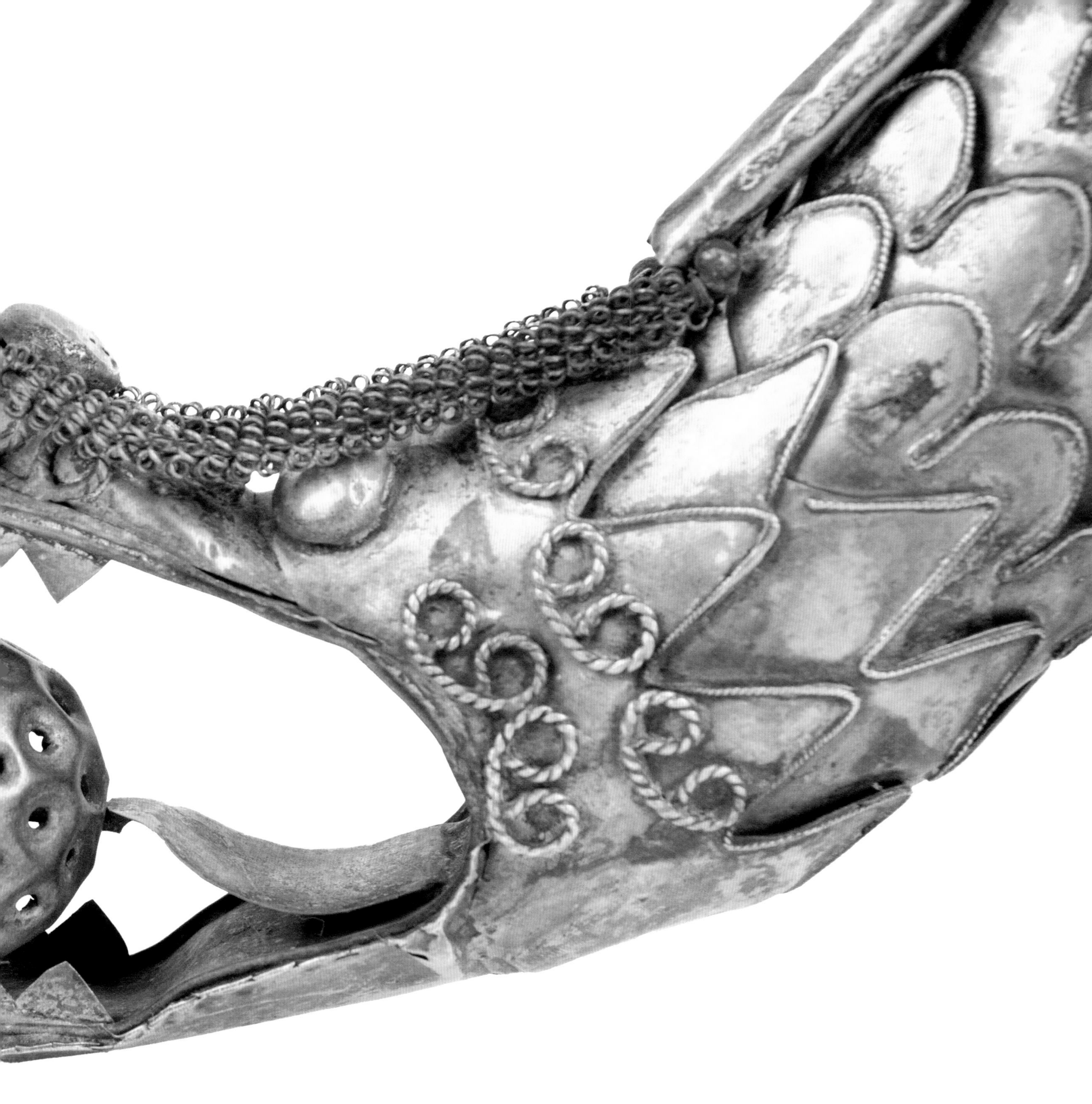

尺寸 /
145mm×100mm×20mm
材质 /
银、木
地域 /
贵州

苗族锥状外延银木梳

图中饰品为苗族银木梳，呈月牙形，苗语称之为“依尼”，是用银与木制作的梳子，除梳齿外全用银皮包裹。银梳梳脊处呈锥状，共 17 个锥体，锥体体积由中间到两边依次变小，且锥体间隙有圆点均匀分布，梳子前后两侧的装饰面主体由动物纹样与植物纹样构成，有少许几何纹样点缀其中。梳子的左右两侧还有银链连接着一根长长的银针，银针插在发髻两边。

与我们日常生活中所使用的梳子造型不同，银梳梳脊处有一排锥状造型，这是因为除理顺头发外，此梳还具有一种民俗功能，即辟邪、抵御有害之物。这种象征意味与苗族群众生活中对银饰的理解密切吻合。苗族群众认为银饰具有辟邪试毒、装饰美观的作用，而这件银梳上面的锥状造型更是强化了这一内涵。此外，苗族群众赋予银饰以美的属性，认为银器就是美的化身，银器也就具有了装饰功能外的精神功能。

银梳的整体造型表现出外刚内柔的效果：外刚指的是上文说到的梳脊处锥状外缘放射状线条，这种装饰效果使得整体造型表现得较为刚硬；内柔指的是银梳内里的装饰纹饰，蝴蝶妈妈纹样及两个大小次之且对称的花朵纹样，都呈现出非常柔软美观的内在表现效果。

人们对梳子的使用由来已久，据考古发现，梳子的使用在大汶口时期已经非常普遍了。银梳的早期形态是作为“笄”而存在，“笄”就是一种类似于木条的物体，主要用于将头发由自然状态整理起来。《释名·释首饰》中有载：“笄，系也，所以系冠，使不坠也。”“笄”是一种压法之物，银梳也承继了这一实用功能，佩戴时常用于脑后方或者发髻的后下方作固定。而且该银梳的月牙形状更符合人体工学构造，也就更便于“压法”功能的实现，这是苗族群众生活经验累积的结果，也是人类智慧的结晶。

尺寸／
210mm×45mm×45mm
材质／
银
地域／
贵州

苗族卷曲龙形链式银簪

苗族银簪样式繁多，有梅花形、方条形、扁平形及圆锥形等，造型不一；主要制作流程包括熔银、锻打、錾刻、塑形、拉丝、掐丝、焊接、清洗、抛光等数十步，繁复、精细。图中银簪为弯曲龙形，以银链象征龙的形体，錾刻十分精美。

该链式银簪在贵州都匀被当作女子婚否的标志，即都匀苗族女子婚后常在髻顶插一链式银簪；而在雷山桃江，苗族女子则将宽大的银梳当作婚否标志。与此同时，也有许多银饰为未婚女子的专用饰物，如黄平苗族女子的银围腰链、施洞苗族女子的银衣等。这是因为贵州少数民族所赖以生存的自然环境条件各不相同，由此产生了各异的生产方式与生活方式，也就拥有了这种“百里不同俗”的地域特色文化和民俗文化特色，进而表现出独特的民族审美意识。

尺寸/
280mm×40mm×40mm
材质/
银
地域/
贵州

苗族爪形链式银簪

苗家向来有“有衣无银不盛装”“无银无花不成姑娘”的说法，且《黔南识略》中也记载苗族女子以银花饰耳、戴银项圈，并以多者为富，可见银饰是苗家女子钟爱的装饰品，也是美好、富足的象征。图中银簪是苗家银饰类别之一，该银饰呈爪型，前端以龙形、乳钉纹形等为装饰，为典型的苗族女子发簪式样。

龙形银簪是苗族妇女的衣物配饰，也是节庆装扮的辅助头饰。龙舟节是苗族各支系的传统节日，节日当天，来自不同支系参与龙舟节活动的妇女虽然都穿着不同的服饰，但她们的发髻上都插有一只龙形银簪：这意味着她们来自同一祖先，一脉相承，有着共同的崇拜对象和共通的文化底蕴。银簪成为祖先崇拜的生动载体，也代表了苗族各支系同根同源的血脉关联，有着源自原始崇拜的信仰内涵。此外，苗族姑娘在过民族传统节日或者出嫁时，会将诸多银饰与盛装一同穿搭佩戴，以示华美。

尺寸 /
70mm×70mm×10mm
材质 /
银
地域 /
贵州

侗族竹节乳钉银耳环

侗族民众对银饰的喜爱有着较为悠久的历史，据《晃州厅志》记载，婚嫁之时属婿氏准备的金翠阖叶花销较高，且常有“穿不离银”的说法，银饰不仅仅是姑娘美的象征，而且也是家庭财富的衡量标志之一。侗族女子往往很小就穿刺耳环眼孔，五六岁时开始佩戴细圈耳环，到姑娘时期加戴稍重的耳环，三十岁之后改戴翡翠耳环或滚耳环。侗乡也流传着以戴银庞杂繁多为美的民歌：“孔雀展翅美中美，妹戴银装花上花；银装越多花越美，朵朵银花映彩霞。”

该银耳饰为由粗到细的竹节管状构造，有两枚共 18 个向外辐射的空心乳钉装饰，整体造型呈对称环状，极具美感。其中，与乳钉造型同构的乳钉纹最早于商周时期出现于青铜器上，之后在春秋战国到秦汉时期的玉器和青铜器等器物上也较常见。乳钉纹较早出现于祭祀女性的场合，表达对母亲的眷恋与思念，有着祈求生命绵延的吉祥属性，也常与其他纹饰搭配形成器物的装饰系统。

尺寸 /
70mm×30mm×20mm
材质 /
银
地域 /
贵州

苗族灯笼吊穗银耳环

因与其他大件相比花费的金额较少，银耳环成为苗族银饰中款式最多的一种，有时男子也会佩戴。苗族耳环分为圆轮型、环状型、悬吊型、钩状型四种，造型也丰富多样。图中银耳环为灯笼状构造，下部坠有由铁片编织而成的花卉与管状部件，为苗民日常配饰。

耳环在古代称珰、瑱等，《左传》注疏中记载人们用其塞耳。耳环起源很早且发展历史悠久，甚至 50 万年前的周口店北京猿人已经可以使用兽骨、石头或者贝壳制作耳饰，且耳饰男女通用；同时据考古发现，距今五千年的新石器时期就有在耳朵上穿孔的陶塑人。后来耳环逐渐发展成女子配饰，只有民族地区男女通用。

尺寸/
75mm×75mm×30mm
材质/
银
地域/
贵州

苗族动物纹浮雕银手镯

银镯在苗语中称“尼秋把”，是苗族女子佩戴于腕间的银饰，图中银镯就是苗族银镯的一种。该银镯一对两只，留活接口，其上以錾刻、镂空等制作技艺饰以鱼龙纹、太阳纹等纹饰，产生了立体浮雕的表现效果，具有独特的民族风味。

以银为代表的金属在苗族传统观念中与大地、人类的关联十分密切。《苗族史诗》中记载“雄讲老爷爷”是最早的神人，金银是他的孙辈，其辈分之高是远超苗族传说中孕育人类的始祖蝴蝶妈妈的。“金银”虽没有直接孕育人类，但却是创生日月的始祖神，是一切生命繁衍的原生动力；同时金属神也具有人类始祖的特质，《苗族史诗》中记载古老的高又直的枫树是锈水妈妈生的，可见金属不仅“辈分”高，还与苗族始祖的枫树图腾有着千丝万缕的联系，有着人类始祖的象征意味。

尺寸／
85mm×70mm×40mm
材质／
银
地域／
贵州

苗族乳钉纹手镯

该乳钉纹手镯一对两只，留活接口，自上而下共三排乳钉纹饰，镯内部呈镂空状，整体形似古代武士护腕，既粗犷又细致，是苗族女子节庆或婚嫁之时佩戴之物，极具民族色彩。

乳钉纹银手镯与钉螺纹银手镯均中空，造型表现类似。但不同的是，乳钉纹手镯是匠人用银丝编织后焊接而成，而钉螺纹银手镯是注模一次成型，两者制作工艺不同。与该螺状手镯相关的，还有苗族流传已久的故事：相传一个苗族青年从河里钓回了一只螺蛳，便喂养在家里。每次他出门后，螺蛳都会变成一个美丽的姑娘做好饭菜等他回家，后来青年便与螺蛳姑娘成了家，过上了美满幸福的生活。人们以这个广为流传的故事为素材制作相关的手镯，表达苗族青年对美好爱情和美满生活的追求与渴望。

尺寸／
95mm×85mm×45mm
材质／
银
地域／
贵州

苗族炸珠宽边银手镯

苗族对银饰有着“追求其大”的审美原则，所以通常一些银镯的体积相较于汉族的银镯要大几倍。图中银镯就是一种较有代表性的苗族银饰：一对两只，留活接口，自上而下嵌有三排银珠造型纹饰，造型规整，富有美感。

苗族诸多银饰中都有大大小小的银珠造型，它们灿若星辰、闪耀夺目。该银镯外侧也有规律性的银珠排列，是苗族炸珠工艺的体现。所谓炸珠，即将银液均匀缓慢地倒入清水中，银液遇冷，分裂为大小不一的粒粒圆珠。该银饰中银珠的固定是通过苗族古老的吹气焊接法实现的，为工匠手工操作的产物，十分精细。

尺寸 /
110mm×90mm×45mm
材质 /
银
地域 /
贵州

苗族焊花镂空乳钉纹银手镯

苗族银镯有錾花型、镂空型、浮雕型、绞丝型等类型，形式多样、造型不一，该手镯呈焊花镂空型，以网状银丝为面、以梅花与乳钉为纹。该花朵纹乳钉装饰的制作流程是，先以银丝制作花瓣，而后将若干花瓣焊接成一团花，再将花朵外底焊一乳头状银珠，造型瑰丽雅致，极具特色。

尺寸 /
85mm×65mm×70mm
材质 /
银
地域 /
贵州

苗族对称动物纹银手镯

该银镯一对两只、留活接口；银镯两端各有一对称龙纹，且以中部环带状人面纹为中心，上下各有一对称蝴蝶妈妈纹样，整体构图明晰，具有强烈的民族审美特色。

人面纹指的是以人面为题材的画面，早在新时石器时代黄河流域的仰韶文化中就有表现，是彩陶的装饰纹样之一，如在西安半坡出土的人面鱼纹盆内壁就饰有两组对称的人面纹和鱼纹图案。当前对于这一时期人面纹的解释多种多样：有人认为是人格化的鱼神；有人认为是戴着帽子的巫师形象；还有人认为该人面纹是氏族的图腾标志，与氏族关系密切，是氏族的象征。该银镯中的人面纹周围环绕龙纹、蝴蝶妈妈纹等具有吉祥寓意的纹饰，所以承载的更多是苗族群众对吉祥如意的精神寄托。

尺寸／
75mm×70mm×8mm
材质／
银
地域／
贵州

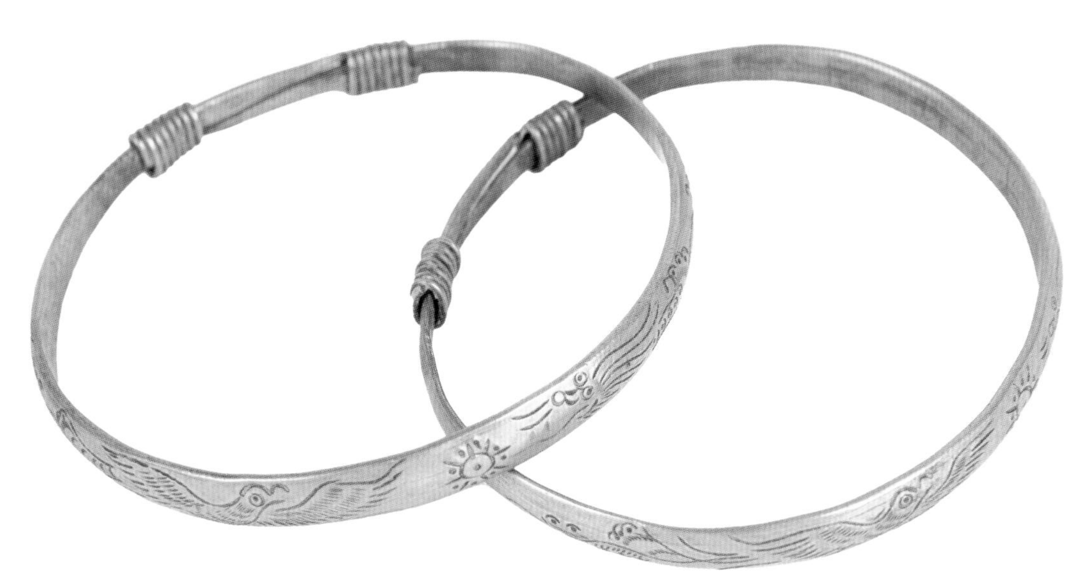

苗族吉祥纹饰银手镯

该饰品为苗族对银手镯，造型较其他苗族手镯相对简约，制作年份距今较近，具有当代审美意蕴。银镯外侧刻有凤鸟纹、龙纹及太阳纹等苗族吉祥纹饰，较具民族风情，属于当代苗族女子日常佩戴饰物。

尺寸／
40mm×40mm×320mm
材质／
棉布
地域／
贵州

革家红缨珠帽（一）

红缨珠帽，又叫作太阳帽。红缨象征着太阳四散的光芒，其上应还有一根斜插入发结的银簪，象征剑。冠帽的整体造型结合了革家流传的传说，体现了革家人对太阳的崇拜，表现出革家人对美好生活的憧憬与向往。

尺寸/
140mm×140mm×260mm
材质/
棉布
地域/
贵州

革家红缨珠帽（二）

该顶帽子属黄平革家冠帽，为暗黑色内里，整体颜色呈红色。革家人自认为是“羿的后人”，并将弓箭与太阳元素充分运用到服饰中，由此呈现出本族群的文化特色。

尺寸/
250mm×250mm×350mm
材质/
羽毛、棉布等
地域/
贵州

侗族盛装头饰

侗族人崇鸟爱鸟，此传统由来已久。该头饰以羽毛为装饰，为盛装头饰。鸟羽是侗族建筑、刺绣及服饰中常见的装饰形式，南宋时期《老学庵笔记》中说仡伶（侗人自称）未婚男子以金鸡羽插髻，羽毛不仅作为装饰出现，还作为识别婚否的标志存在，是当地民俗的反映。

绣片类

苗族鼓藏节节庆纹饰绣片

鼓藏节，是苗族以血缘宗族为单位的祭鼓活动。苗族群众认为先祖和远古神灵的灵魂都睡在木鼓里，所以在鼓藏节要敲响木鼓来唤醒他们。木鼓是苗寨举办祭祀仪式较为重要的道具：苗寨自古流传“木鼓响一下，笼罩寨子的瘴气散了；木鼓响两下，草上的害虫都掉下来死了……木鼓声中，祥云缭绕，祖公从天上下来”等说法。与此同时，苗民亦用牛、猪、鱼等祭祀祖先，与先祖共饮同乐。该图的中心位置就是身着百鸟衣敲击木鼓的苗民，其周围环绕着随着鼓声翩翩起舞、盛装打扮的苗族姑娘。此外，画面还有鱼纹、凤鸟纹、蝴蝶纹等作装饰，用以填补空隙、纳祥祈福。构图主次有序、布局合理，营造出一派生动的民族节庆场景。

尺寸／

540mm×400mm

材质／

棉布

地域／

贵州

尺寸／
310mm×260mm
材质／
棉布
地域／
贵州

苗族鼓藏节祭祀图案绣片

牛祭是苗族鼓藏节的传统祭祀活动，该绣片所描绘的就是鼓藏节祭祀场景。相传牛与苗族先祖姜央都是蝴蝶妈妈所生，所以苗族群众对牛纹的使用也具有图腾崇拜意识。该绣片主体为回首变形牛纹，带有祈求神灵与先祖庇佑的美好愿望，具有寓意属性；主体纹饰周围环绕有传统的苗族吉祥纹饰图案，包括蝴蝶妈妈纹、鱼纹等，同样也是吉祥纳福色彩的体现。

尺寸 /
320mm×270mm
材质 /
棉布
地域 /
贵州

苗族麒麟送子纹饰绣片

“麒麟送子”是苗族传统的吉祥纹饰图案，具有祈求生命延续、子孙满堂的吉祥寓意。该绣片主体为麒麟送子纹样，其上方围绕凤鸟纹、蝴蝶纹等动物纹饰，色彩鲜明、样式独特。整体画面主次分明、重点突出，繁缛中不失细致、变化中不失章法，具有韵律美、节奏美，充满独特的民族文化韵味。

尺寸／
640mm×400mm
材质／
棉布
地域／
贵州

苗族征战纹饰绣片（一）

历史上，苗族先祖历经了长时期、大规模的迁徙，且迁入之地大多为荒僻山区，使得苗族各部处于相对隔绝的状态，彼此少有往来。各部不仅自然条件相异，受其他民族影响也各不相同，从而形成了较有差异的人文环境，如出现各种支系，且各支系服饰类型、语言等差异明显。

该绣片记载了苗族先祖征战的故事。画面中的主体人物呈手握传统兵器作战斗姿态，此征战题材纹饰表现了苗民对先祖的纪念；周围环绕包括蝴蝶纹、牛纹等在内的诸多吉祥纹饰图案，饱含苗民对安稳祥和生活的祈愿与憧憬。

尺寸／
580mm×400mm
材质／
棉布
地域／
贵州

苗族征战纹饰绣片（二）

该图亦为苗族征战题材纹饰绣片。主体人物虽居画面中心位置，但骑牛作战。相传，牛与苗族先祖联系密切，而且苗族俗称“不分贫富，以牛多为大姓，婚亦论牛”，牛在生活中地位较高，还经常见于祭祀仪式中，带有图腾崇拜意味；在四周纹饰方面，上方有一对较对称的凤鸟纹，成双成对的形式营造出视觉上的对称性与平衡感，赋予绣片以美好寓意。

绣片纹饰灵活生动，构图栩栩如生，表现出苗族独特的历史文化传统和苗族群众高超的绣制技巧。苗绣通常带有强烈的表意功能，被誉为“身上史书”和“穿着的图腾”。

尺寸 /
610mm×480mm
材质 /
棉布
地域 /
贵州

苗族过江纹饰绣片

江河对苗族先民来讲是迁徙途中的必经之地，该绣片讲述了苗族先祖征战后一路过江南迁的故事。绣片上人物过江跨河的动态神韵，生动地描绘出一幅迁徙画卷。绣片中运用了象征、比拟的表现手法，将江河湖海比拟为龙纹、螃蟹纹、鱼纹等水生生物，具有象征意味，展现了苗族群众对整体构图的精确把握，也呈现出高超的想象力。

尺寸／
330mm×270mm
材质／
棉布
地域／
贵州

苗族传统婚嫁纹饰绣片

每个民族都有婚嫁习俗，该绣片绣制的就是苗族传统婚礼的嫁娶场景。画面中，两个吹奏唢呐的轿夫抬着一顶坐有新娘的花轿，周围有凤鸟纹、蝴蝶纹等吉祥纹饰作装饰。

苗族婚礼从请媒、定亲、吃小酒、择日、结亲、回门，到去男方家居住，是一个复杂的过程。坐花轿是婚礼当天的一个重要仪式，且轿门内有绣着双喜或绣花等吉祥图案的门帘，轿门贴诸如“易曰乾坤定矣，诗云钟鼓乐之”“珠联璧合，花好月圆”的对联，轿檐也常围以绣有“龙凤呈祥”“双喜临门”“喜鹊登梅”图案的绣花轿衣，寓意生活美满、吉祥如意。

尺寸／
650mm×330mm
材质／
棉布
地域／
贵州

苗族矩形五彩纹饰绣片

此绣片为红底矩形五彩状，且画面分为上下四个层次。最上一层为主体纹饰，这占据绣片的绝大部分，主要由人鱼纹、蝴蝶人龙纹、动物纹饰，以及手持刀具的征战纹饰构成。手持刀具也是苗族传统征战元素的体现，且这种元素渗透进苗民生活的方方面面，如在苗族丧葬仪式中也会有诸如征战情景的芦笙曲“勇敢，勇敢向前去；打仗，打仗向前杀”，这是苗族民众对古时先祖征战文化的承继，也映衬出征战岁月对当代苗族群众的影响。下面三层主要由动物纹、人纹构成，动物纹占据绝大部分。整个画面层次鲜明、色彩艳丽，具有高度的观赏价值，是苗族妇女刺绣智慧与技艺的体现。

尺寸 /
270mm×220mm
材质 /
棉布
地域 /
贵州

苗族蓝底鱼龙纹绣片（一）

苗族刺绣多以麻丝为经、五色绒为纬，花样不一，且由手工制成，具有高度的审美与收藏价值，被广泛应用于苗族门帘、背裙、枕头等物品的装饰制作中，内容集中反映了千百年来苗族的审美风格。此绣片方形蓝底，主体为红色回首龙饰：龙头扭转，嘴巴略张，尾部向下，呈 S 形，龙鳞和龙爪从头到脚、由小到大均匀分布，尾部下方有颜色各异的四片草作装饰。

苗族群众对色彩有着强烈的追求，他们对颜色的应运也会根据穿戴者的年龄及场合作相应变化，比如，幼年、中年等年龄段衣服的颜色相对比较艳丽，而随着年龄的增长，衣服的色彩会逐渐黯淡下来。苗族群众对红色有着特别的感情，苗族亮布就是蓝黑中微微透露出红光，在深色的基底色上强调鲜艳的图案，寓意趋利避害。该绣片也是在深蓝的底色上使用了大面积的红色，这与亮布的制作有着异曲同工的表达效果，同时也奠定了绣片整体的红色色调。此外，图案主体的龙纹本身就有一种吉祥纳福的寓意属性，色彩和图案的相互结合也在较大程度上传递出绣片的吉祥寓意。

尺寸／
290mm×230mm
材质／
棉布
地域／
贵州

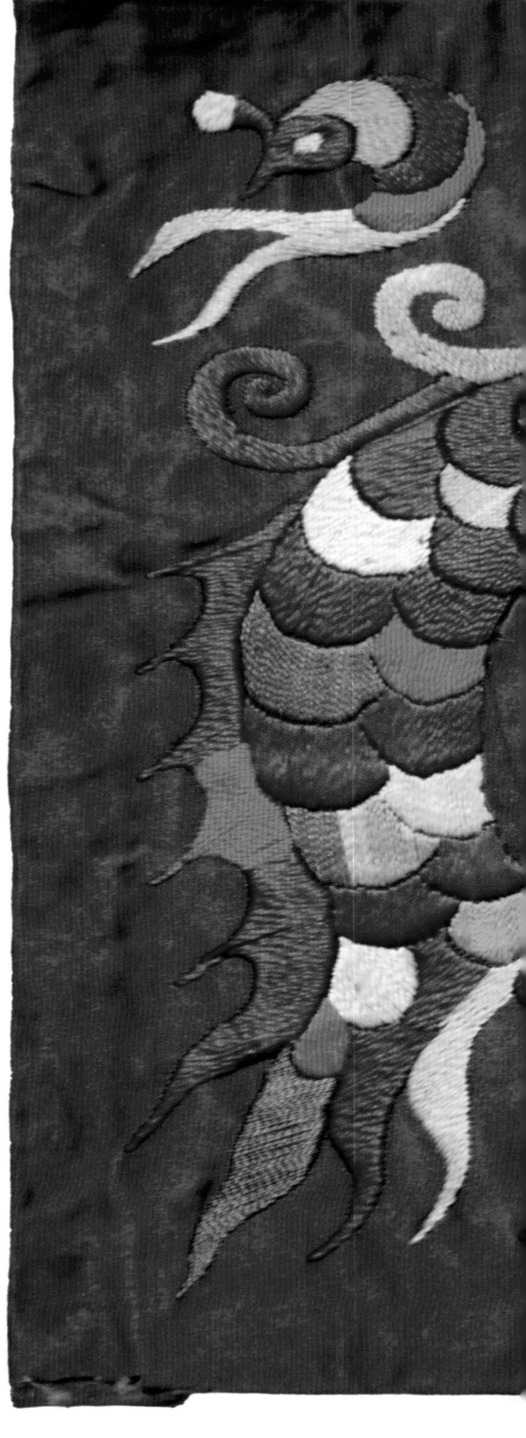

苗族蓝底鱼龙纹绣片（二）

图中同为方形蓝底右回首龙纹绣片，龙鳞和龙爪亦从头到脚、由小到大均匀分布，绣片上方有动物纹饰作装饰。但该绣片中龙的神态、姿态较上件有所差别，且多用粉色、绿色等较鲜亮的色彩，更为灵动活泼。

尺寸 /
290mm×240mm
材质 /
棉布
地域 /
贵州

苗族蓝底鱼龙纹绣片（三）

该绣片同为右回首龙纹绣片，瑰丽深重，呈现出苗族独特的审美观念和创作构思。龙纹与蝴蝶妈妈纹饰共同构成了绣片装饰系统，具有吉祥意味。

尺寸/
280mm×240mm
材质/
棉布
地域/
贵州

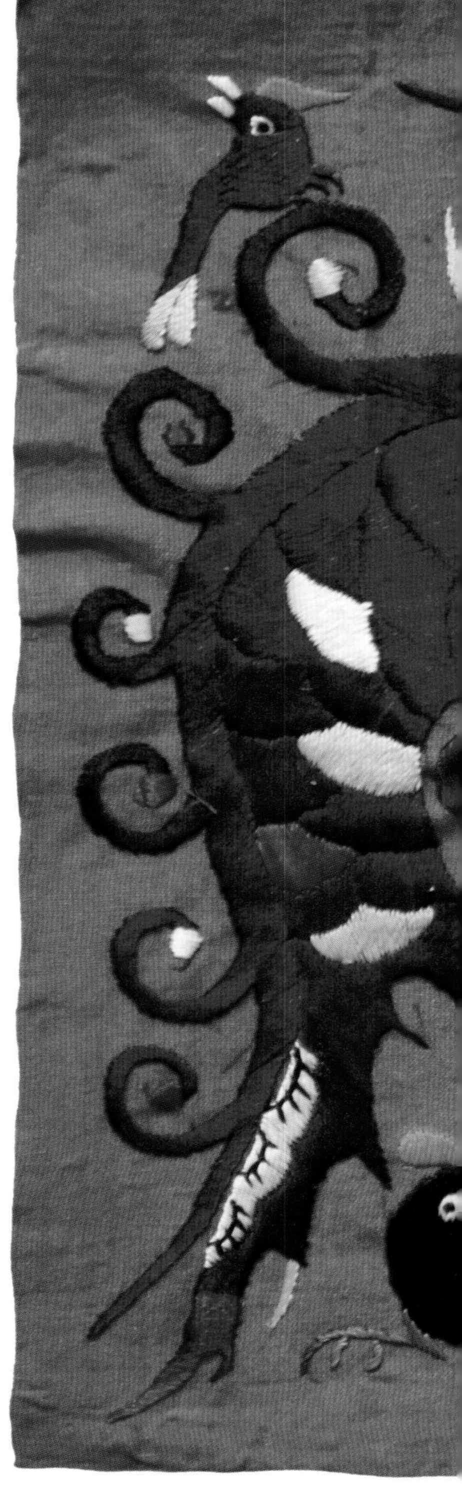

苗族红底牛角鱼龙纹绣片

该绣片同为右回首龙纹绣片，且形制大体与上件相似，只不过该绣片为红底蓝色纹饰，同时有蝴蝶纹、鸟纹等动物纹饰相搭配，更为精美。

绣片中的龙角为牛角状，纹饰为牛变龙纹样。因为在苗族传说中，龙与牛都是从蝴蝶妈妈生下的 12 枚蛋中孵化出来的，同属吉祥纹饰；且苗族群众创作有着强烈的随意性特点：不仅在动物纹饰的结合上有着随意性，比如抽象的牛变龙、鱼变龙纹饰等，而且对于龙面部神态的刻画也有着较大的主观特色，没有固定范式。

尺寸／
280mm×270mm
材质／
棉布
地域／
贵州

苗族红底鱼龙纹绣片（一）

图中为左回首龙纹绣片，方形红底，有动植物纹饰相搭配。此绣片主体色彩为红色和蓝色，此外还有部分白色、绿色、黄色、紫色等色彩充作龙鳞或小面积的装饰。

《后汉书·南蛮西南夷列传》中记载苗族“盘瓠之后”“好五色衣服”，杜甫诗中也谈及“五溪衣服共云山”。传说盘瓠是一只“其毛五采”的神犬，因为替帝（高辛氏）除去敌人，帝将其女嫁之，生六男六女。盘瓠传说也深深融入不同民族的血脉中。南宋叶钱在为《溪蛮丛笑》所作序中说，包括苗族、瑶族、仡佬族等在内的“五溪之蛮”皆为盘瓠后代。“好五色衣服”是一种原始崇拜观念的体现，苗族群众认为这种鲜艳的颜色可以对外界产生一定的震慑力，从而达到驱邪纳福的作用，以求得族群平安。“五色”的运用不仅是对传统的继承，还蕴含了千百年来苗族群众对平安祥和、吉祥如意生活的追求与渴望。

尺寸 /
240mm×220mm
材质 /
棉布
地域 /
贵州

苗族红底鱼龙纹绣片（二）

相对于上件绣片，此绣片的边缘装饰中多了鱼纹纹饰。在苗族婚礼中，会举行掐鱼仪式——新娘掐摆放在神案面前的鱼，祭祀祖宗；苗歌也唱道“身体像鲤鱼，生育儿女多，养儿育女俏”。鱼纹是苗族群众对子嗣绵延的期望与寄托，承载了苗民对生命延续的渴望，在苗族民众的生活中扮演着十分重要的角色。

尺寸 /
290mm×210mm
材质 /
棉布
地域 /
贵州

苗族红底盘旋鱼龙纹绣片

苗族绣片装饰个性化色彩较强，无固定范式。该绣片中的龙纹造型作盘旋状，绣片四角处有蝴蝶妈妈纹、鱼纹、鼠纹等纹样，这几种动物的生育能力较强，绣片也就承载着苗民对生命延续、种族繁衍的憧憬，带有吉祥寓意的色彩。这几种纹饰也是苗族较为常用的代表生殖崇拜的纹饰。

尺寸／
290mm×220mm
材质／
棉布
地域／
贵州

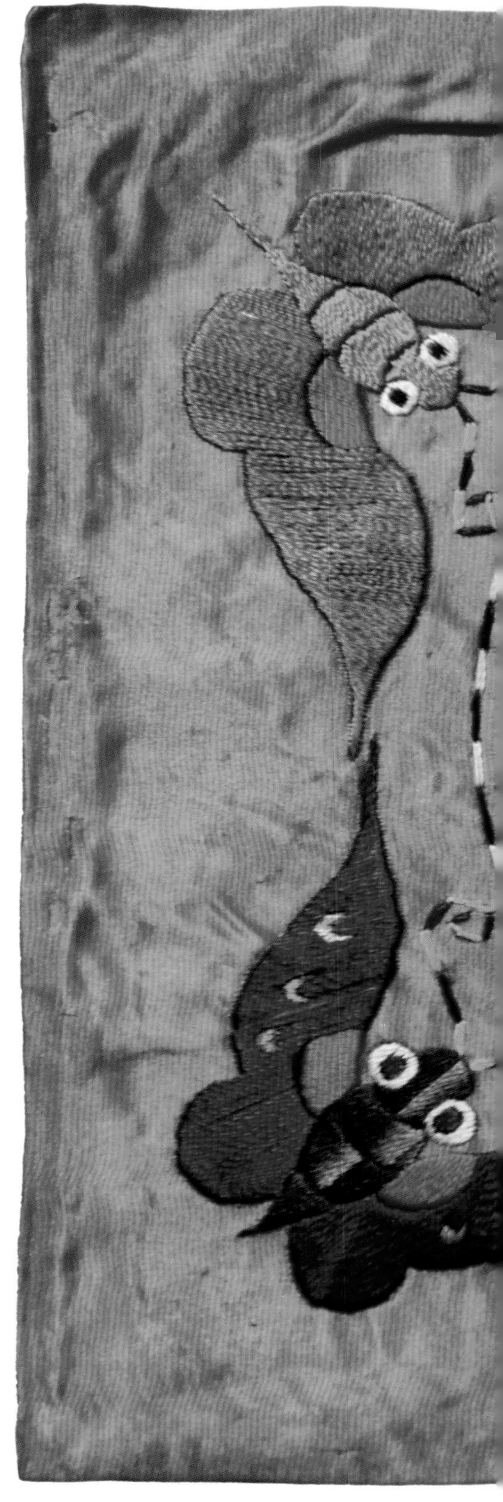

苗族红底蝴蝶人物纹绣片

苗族刺绣通常利用颜色各异、寓意丰富的动物纹、几何纹等进行装饰，图中绣片就以人物纹为主体，外围四方连续的蝴蝶妈妈纹饰作装饰，中间以黑白圆形线条为分割线。主体人物肩部挑一变形动物纹，其爪分布于主体周围。绣片整体由红、蓝、绿等颜色构成，鲜明亮丽，庄重温和。

苗族群众在刻画图像的时候，常将图案以二维的形式表现出来，绣片上的蝴蝶妈妈纹饰及人物纹等都是以平面手法展现的。点、线、面是其主要构成元素，相互配合形成图案整体。这种二维的构图方法较为直接地传递出纹饰的特征，也在一定程度上反映了当地苗民流行的织绣方法。

绣片中这种构图布局还蕴含着纹样寓意传达的属性特征："蝴蝶妈妈"围绕主题人物的布局形式，有祈求辟邪消灾的吉祥寓意。这种构图形式法则符合苗族群众的审美，纹饰之下的寓意也满足了其精神需求，体现了民众图必有意、意必吉祥的创作趋向。

尺寸/
560mm×490mm
材质/
棉布
地域/
贵州

苗族二龙抢宝绣片

服饰是苗族民众传述文明、讲述传说的生动载体，所以苗族纹饰中会呈现出诸多关于神话传说的记录。该绣片为方形红底，主体为二龙抢宝纹饰，围绕着凤鸟纹、蝴蝶妈妈纹及猫头鹰纹等动物纹样，整体内容丰富、繁而有序。

图中二龙抢宝纹样也有传说：相传有个地方要发大水，所以大家去请日行千里、功夫了得的睡福士来堵水洞。印度有两条龙得知睡福士要去堵水洞的消息，打算跟随前往，并准备抢占该地。当睡福士到达的时候，大水即将涌出，他立即用三堆金土堵住水洞。这三堆金土中的两堆变成了石狮子，一堆变成了大元宝。两条龙赶到的时候，水已经被堵住，抢占无望，它们便争抢起这个大元宝来。以二龙抢宝为代表的传说故事有着独特的民族文化内涵，与民众的生活密切相关，同时也承载着民众对美好生活的祈愿与憧憬。

尺寸／
330mm×270mm
材质／
棉布
地域／
贵州

苗族龙船五彩纹饰绣片

《苗疆闻见录》有载，苗族“好斗龙舟，岁以五月二十日为端节……其舟以大整木刳成，长五六丈，前安龙头，后置凤尾，中能容二三十人。短桡激水，行走如飞”[①]。此图为苗族龙船节庆典场景，主体为龙头凤尾的龙舟，内置人物与旌旗，外有动物纹作装饰，极具律动感。

在苗族传说中，划龙船是为了让龙像活着的时候一样可以在水中游走，改变划船日期就会遭遇大旱，所以划龙船还带有祈雨的功能，其中也承载着人们对五谷丰登、风调雨顺生活的祈求与向往。苗族的龙舟节虽然是以赛龙舟为主要内容，但同时也是青年男女举行社交活动、中老年人走亲访友，以及开展民族文化娱乐活动等的节日，娱乐性质较为明显。

①（清）徐家干：《苗疆闻见录》，吴一文校注，贵州人民出版社，1997，第171页。

尺寸／
330mm×290mm
材质／
棉布
地域／
贵州

苗族红底龙船纹绣片（一）

此绣片与上件同构，只是画面元素略有不同，船中位置有一个年约十岁男扮女装的打锣手（一般是从鼓主家族中选出）。相传，男扮女装主要是与古时习俗有关：苗族古代有男女共同泛舟的习惯，后因江上风浪较大、女子体力不支，便改为男子划舟。但是后来锣手身戴银项圈、头戴银凤冠，装扮华丽，是为增添节日的气氛。鼓手在船上应着鼓点节奏敲打，以起到助威、渲染气氛的作用；船头船尾各有两位站立的水手，他们一律身穿紫青色土布对襟短衫和裤子，头戴精致的马尾斗笠。据说刚开始划龙舟时，每个人都头戴纸糊的斗笠、身披蓑衣，这些都被视为祈雨的习俗；同时水手忌卷裤脚，是因为在求雨的时候卷裤脚略带怕雨之意，会对求雨不利。

尺寸／
320mm×260mm
材质／
棉布
地域／
贵州

苗族红底龙船纹绣片（二）

此绣片亦为苗族龙船节主题绣片。苗族群众在制作龙船节的龙舟时很讲究：砍树的时间是在龙年十月的末日，要带上少许糯米饭、一只公鸡、一尺青布、一壶酒等先祭祀树神；砍树时要把树倒向东方才算吉利，因为苗族人是溯江向西后定居，朝向东方是纪念先祖的意思；龙船木运回寨子后也要择吉日动工制作，开工前用白鸡、烧香、烧纸等祭祀山神，以祈求龙舟的顺利制作；待做好龙舟之后，还会祭祀和庆祝一番。

尺寸／
320mm×320mm
材质／
棉布
地域／
贵州

苗族红底龙船纹绣片（三）

此图为苗族龙船节主题纹饰绣片。苗绣构图通常采用散点透视手法，即不受一个点的限制，而是根据需要，将不同视线范围内的事物都整合在一个平面内的方法，如该绣片中身体是正面、两条腿是侧面的人物等。这种造型意识是苗族群众对客观物象进行主观创作的产物。

该绣片主体图案精致鲜活、装饰图案飘逸灵动，画面整体充实紧凑、和谐完满；线条有长短、虚实变化，极具流畅之美。图像以抽象的手法再现生活，多种元素共同构成了苗族民众的生活场景。

尺寸／
350mm×320mm
材质／
棉布
地域／
贵州

苗族红底龙船纹绣片（四）

该图亦为苗族龙船节主题绣片，构图大体与上件一致，只不过方向相反，但都制作精美，为典型的苗族文化图案。

尺寸／
540mm×400mm
材质／
棉布
地域／
贵州

苗族龙船节庆典纹饰绣片

相对于单纯的龙舟纹饰，该绣片人物更繁多、活动更丰富：绣片不仅左下角和右上角都绣制着赛龙舟的场景，还在龙舟纹饰周围通过绣制人们于江岸阵阵喝彩的画面，烘托出一种激扬澎湃的节庆氛围，较具节庆效果。苗族龙船节期间，江水两岸人山人海，除竞船外，还会举行赛马、斗牛、斗雀、青年男女对歌、吹笙、踩鼓等民俗活动。该绣片整体画面繁而不乱、多而不散，构图巧妙、色彩艳丽，是苗族较为典型的节期庆典纹饰。

尺寸／
290mm×210mm
材质／
棉布
地域／
贵州

苗族粉底稻作纹饰绣片

此为方形粉底绣片，两个人物居于主体位置且两侧各有一树木，主体人物手中有一长柄齿状的稻作工具——耙子，呈现出苗民的稻作场景。绣片上方有凤鸟飞过，带来喜庆丰收的吉祥寓意；左侧人物身着苗族传统百鸟衣服饰，是对稻谷丰收的仪式性欢庆。整个画面构图较为对称，色彩喜庆祥和，是苗民对足食丰衣、和平安定生活的生动刻画，表现出喜悦富足的生活场景和热烈的欢庆氛围。

尺寸 /
440mm×410mm
材质 /
棉布
地域 /
贵州

苗族棕底数纱几何花卉纹绣片

纹样的表现效果与织造手法是密切相关的，该绣片上的纹样采用了数纱绣的织绣方法，图案效果细致、精细而又规矩。数纱绣是中国传统的刺绣方法，绣时直接利用布的经纬线挑绣，反挑正取，不用事先取样，可以形成各种或繁或简的几何纹样及图像内容。这种绣法的主要艺术特点是：借助色彩和各种几何纹样搭配的挑花手法，形成多品种、多视角的图案，从而达到平面与立体相统一的视觉表达效果。但这种在绸缎上织绣的技法难以数出布料的经纬，所以在织绣时会在缎后覆上一层平纹面料，两种面料叠在一起同时进行刺绣。刺绣的时候在一侧的平纹面料上进行数纱，与此同时在另一侧的绸缎上呈现出较为精细雅致的刺绣纹饰。

以数纱绣为代表的织绣技艺对苗族姑娘是非常重要的。在传统社会，她们自小就进行学习，包括“一学剪、二学裁、三学挑花绣布鞋”，因为不会数纱刺绣的女孩很难找到如意郎君。所以她们在农闲之时便会从事与刺绣、纺线等相关的活动，以提升自己的织造技艺。可见这种技艺的掌握也与当地的习俗文化紧密结合，反映了当地的传统嫁娶观念。

尺寸／
350mm×270mm
材质／
棉布
地域／
贵州

苗族蜡染绣片

该绣片采用蜡染工艺制作。《贵州通志》中对蜡染工艺的定义是“用蜡绘花于布而染之，即去蜡，则花纹如绘”，可看出此为防染印花技法，即利用蜡（白蜡、黄蜡等防染剂）本身的防染属性，较为精确地将图案表现出来。古时这种工艺被称为“蜡缬”，唐代画家张萱所作的《捣练图》中有若干仕女的衣裙就是使用了此种工艺手法。

蜡染工艺与当前较流行的“扎染”原理相似，都是属于“遮盖—防染”的物理防染工艺手法，只不过遮盖的手法与所呈现出的图案精准度有所不同。作为原生态手工技艺，蜡染产生于农耕社会，表现出一种质朴、淳真的自然特质。

附录

吉祥完满

——中国少数民族传统节日摘录

敬霞节

水语称为借霞、敬霞，是水族敬奉雨水神霞神，祈求风调雨顺、年成丰收的传统节日，是水族稻作文化的典型信仰，并演化为血缘氏族的祈雨信仰节日。敬霞的年份不尽统一，有的是逢丑、未年过，间隔为 6 年；有的是逢子年过的，间隔 12 年，也有的地区每两年过一次。敬霞的时段选择在水历的九月至十月（对应农历五、六月）间。敬霞的具体日期，有的地区在卯节的次日举行，有的靠水书先生选择吉利酉日等。……霞神还分真假，公开祭祀假霞神，秘密祭祀真霞神。祭祀完毕就把真霞神拿到山洞中隐秘收藏，祈求镇守当地雨水调匀，年岁丰稔。

——摘自杨昌儒、陈玉平编《贵州世居民族节日民俗研究》，民族出版社，2009，第 497~498 页

会街节

会街，阿昌话叫“熬露”，过去多在农历九月中旬举行，一般持续 15 天左右，现已改在国庆节前后三天举行。阿昌族信小乘佛教，会街是迎接佛祖返回人间的日子。传说佛祖“个打马”（释迦牟尼）为母亲上天念经三日（相当于地上三月）返回人间时，佛光普照，青龙、白象呈祥。因此阿昌族视青龙、白象为吉祥、幸福的象征。

——摘自黄健、翁志实：《传统节日》，福建科学技术出版社，2010，第 90 页

祭龙节

祭龙节，是壮族隆重、严肃而盛大的传统节日之一，在农历二月或三月的第一个龙日举行。祭龙节，以一村一寨为单位，主祭者为龙头，祭祀的对象一般是村头的大叶榕树，没有大叶榕树的村寨，可选定小叶榕树、黑皮树、椰树等高大如轮、枝叶纷披、荫覆广阔的位于村头的大树，是谓龙树。龙树是非常神圣的，平日里牛、马、猪、狗不能靠近，大人小孩不能攀爬。祭龙日，大家将村寨打扫干净，在龙头的主持下集资宰猪杀鸡。祭时，由巫公念诵祈祷，进行祭祀。仪式庄严，氛围肃穆……祭龙，分大祭和小祭。小祭宰猪杀鸡，大祭则需宰牛，比小祭更为隆重。有的村寨在祭龙期间还要舞龙。龙行村巷，

经过哪家门口，哪家就倾盆对龙泼水，谓为消灾弥难，祈盼风调雨顺、家道平安。

——摘自李富强，白耀天：《壮族社会生活史》（下卷），广西人民出版社，2013，第 1031 页

纳顿节

土族的纳顿节实际是各个村庄举行的庙会，其目的主要是酬神祈福、庆祝丰收，因此，普遍受到土族人信仰的二郎神和各个土族村庄村庙里的村落神在纳顿节中扮演着十分神圣而又重要的角色。……为了保持二郎神和众村神的神性与灵力，三川地区的土族村庄按照各自的年限旧例，为本村的村神定期举行“装脏”仪式。

——摘自邢莉编《中国少数民族重大节日调查研究》，民族出版社，2011，第 47~49 页

三月三

三月三日，是布依族传统的民族节日，俗称“三月三”。地区不同，节日的内容也不尽相同，但一般都有集会、唱歌、游玩等社交活动。……贵阳南部郊区的布依族把“三月三”称为“歌仙节”……他们是用唱歌的方式来祈求天神免灾。这天，男女青年上山对歌，传说谁唱的歌最动听，天上的歌仙听了，便会赐你一副金嗓子。你劳动到哪里，哪里就会听到金嗓子唱歌，害虫听到这声音，就不敢伤害庄稼了。……贵州安龙县部分布依族奉三月三日为“山神”的生日，人们为避免山神放出蝗虫伤害庄稼，确保农业丰收，旧有扫寨祭山神的习俗。

——摘自黄健、翁志实：《传统节日》，福建科学技术出版社，2010，第 104~105 页

泼水节

泼水节是傣族、布朗族、德昂族、阿昌族等民族的传统节日。傣族的泼水节一般在傣历的六月，即公历四月举行，为期三至五天，也是傣族的新年。节日的第一天傣语称为“腕多桑利”，意为除夕。节日的第二天傣语称为“腕脑”，意为“空日”。节日的最后一天称为“腕叭腕玛”，意为“日子之王到来之日”。泼水节的由来，一般认为是来自印度，是为了纪念释迦牟尼诞生而形成的节日，根据佛降生时“龙喷香雨浴佛身”的传说，在泼水节当天，人们用各种名贵香料炮制的水浇洗佛像，故泼水节又称“浴佛节”。……

浴佛礼毕，青年男女便退出寺庙，互相泼水为戏，以示祝福。……被泼的水越多，就越被认为能够吉祥如意。

——摘自张义明、易宏军：《中国传统文化概论》，西北大学出版社，2019，第 227 页

萨玛节

萨玛节是流传于贵州省榕江县侗族地区的一种盛大的祭祀活动。萨玛，也称萨岁，侗语“萨”即祖母，“玛”即“大”，“萨玛”就是大祖母。祭祀萨玛的时间一般在春耕之前（农历正月或二月）或秋收之后（农历九月或十月）的农闲时间里，选吉日祭奠……相传早在母系氏族社会时，有一位英勇善战的侗族女首领在反击外族霸主入侵的战争中屡建奇功，人们对她无限崇拜。不幸的是在一次战斗中她陷入绝境，最终跳崖就义。侗族人景仰她的才干和气节，将她奉为能给本民族带来平安和幸福的神灵，尊称她为“萨玛”。

——摘自黄健、翁志实：《传统节日》，福建科学技术出版社，2010，第 125~126 页

祭山林节

这是（云南省）兰坪县兔峨乡一带怒族的传统节日。时间一般定在农历正月初四或初五，部分村社则定在清明节前后。节期一天。该节日的核心内容是：以村社为单位，用黑山羊向山林之神献祭，以祈求村社及林木免于火灾之患、人畜平安、狩猎采集及其他生产活动获得丰收。节日当天，人们还杀鸡祭祖先及其他的神灵。这是一个只允许男性参加的节日，禁止女性到现场观看祭祀活动。

——摘自李月英、张芮婕：《走近中国少数民族丛书·怒族》，辽宁民族出版社，2015，第 108 页

哈节

哈节是京族人一年当中最为隆重的传统节日，为期五至七天，场面宏大。在京语当中，所谓的“哈”，大致是“唱”的意思，因此哈节在京族地区也被称之为“歌节”。尽管以“哈”为名，京族哈节同时也是当地人庆祝渔业丰收的民间庆典……哈节来临之时，当地人会热情邀请各方亲朋好友，前来参加这个“又食、又唱”的民族节日，一同分享节日的快乐。京族各村的哈节庆典，虽然举办的时间相互错开，内容不尽一致，但庆典仪式过程大致相同，

主要包括迎神、祭神、乡饮、送神等环节。……京族人关于哈节来历的最为“权威”的“说法”,据说是为了缅怀“镇海大王”的“丰功伟绩”。传说中的“镇海大王”，被认为是为民除害、创造“京族三岛”的神灵。为了表达对“镇海大王”的感激之情，当地人每年都会定期聚集在一起，歌颂他的“功德”。

——摘自吕俊彪:《走近中国少数民族丛书·京族》，辽宁民族出版社，2015，第 82~85 页

毛龙节

仡佬族的“毛龙节”节期为每年大年三十夜至正月十五、十六，节日期间的各种活动体现了石阡仡佬族世代流传下来的民间信仰。全县十八乡镇均有“毛龙”,其中汤山、中坝、甘溪、国荣、龙井等乡镇的“毛龙”最具代表性……龙崇拜是仡佬族“毛龙”的核心。节日内容包括三个部分——祭龙神、祭竹神、舞龙。祭龙神要在指定的场合，并且要摆放一定的牌位与供品，然后开始敬龙仪式和念敬龙神词，这个环节包括“开光”“请水”“烧龙”等仪式。之后要祭拜竹王，这是仡佬族的祖先崇拜的遗风。接着要举行“开财门”和“敬财神”等表演，各程序都有诵唱，内容丰富。祈祷龙神保佑国泰民安、风调雨顺，拜祭祖先，希望祖先神佑护村寨、人丁兴旺。

——摘自李诚迁编著《少数民族节日》，中国社会出版社，2006，第 110 页

娃娃节

云南省普米族每年农历二月初八要过一个“日往笟”，意即娃娃节。传说在古代，普米山村气候寒冷，雨水频繁，很多人都患有风湿病，手足骨节等处疼痛不已。后来有一个叫阿根的孩子，带着弟妹们在老君山砍柴，被一猛虎拦住归路。阿根毫不畏惧，以拳击虎，将虎击倒在地。接着，阿根与弟妹们一起，拳打脚踢，使虎毙命。他们高兴地抬虎回村。将虎肉虎骨分给村内各家，大家吃虎肉、喝虎骨汤后，风湿全部痊愈。人们为了纪念阿根兄妹，把他们打虎的日子二月初八定为“日往笟”。届时，村里的小孩都身背小巧玲珑的背篓，内装煮熟的猪蹄、鸡蛋、糯米饭来到山上，唱歌、游戏、野餐，度过一个愉快的日子，尽兴而归。这一天遂成为孩子们的节日。

——摘自胡起望、项美珍:《中国少数民族节日》，商务印书馆，1996，第 28 页

雪顿节

在藏族聚居地，每年藏历的七月初一都要举行“雪顿节”。这是藏族的一个传统节日，据说已有三百余年的历史。“雪”，藏语为“酸奶”之意；“顿”，藏语为“宴会”之意。“雪顿”，即为“酸奶宴”。“雪顿节”举行的时节正值青藏高原牧草茂盛、牛羊肥壮，人们在这时举行活动，也含有喜庆丰收的内涵。节日这天，人们身着盛装，各家互串帐篷，主人要向每一位客人敬酒。在祝酒的歌声中，客人必须三口喝尽一杯酒，以示对主人的回敬。人们还到林卡（园林，或指风光秀美、环境幽雅的地方）看藏戏，并歌舞宴饮，以示庆贺。

——摘自张义明、易宏军：《中国传统文化概论》，西北大学出版社，2019，第 225 页

火把节

彝族的“火把节”与古代彝族十月太阳历有关。彝族先民将一年 365 天分成 10 个月，每月 36 天，余下 5 天（或 6 天）为过年日，“火把节”便是上半年的过年日。农历六月下旬，正是云贵高原各地水稻吐穗扬花的季节，也是虫害猖獗之时。举火巡行稻田，引来飞蛾扑火自焚，是一种灭虫保丰收的措施。为此，该地区的百姓将火把视若水稻吐穗，并称之为“火把引穗”或“火把穗”，以祈求五谷丰收，六畜兴旺。因此火把节是举火驱除灾疫，用火把象征稻穗、幸福和子嗣等，祈福禳灾。

——摘自邢莉、季诚迁编著《少数民族节日》，中国社会出版社，2006，第 115 页

便克节

便克节是佤族的最重要的节日之一，位居三大传统节日之首。在佤族人心中，便克节被视为是邪恶、灾荒、饥饿、疾病的终结，吉祥、平安、和谐、幸福的来临。便克节的时间是每年农历的六月二十四日。……这段时间，谷子即将成熟，所以依照风俗，需要给谷子招魂，以防被坏人或者动物偷吃，影响粮食的收成。待谷穗、蔬菜瓜果拿回家后，主人杀鸡、蒸糯米饭，舂糯米粑粑，由老人“召批”念祈祷词招魂。夜幕降临时，村寨里的各户人家都会把点燃的火把竖在屋檐下，并用干蒿子和香灰在室内外播撒，以驱逐蚊蝇。到了夜晚，青年男女借抛撒香灰的机会聚在一起，谈情说爱，玩耍嬉戏，老人们则三三两两相互串门，饮酒咏调，畅快聊天，一片欢乐的节日气氛。

——摘自郭锐：《走近中国少数民族丛书·佤族》，辽宁民族出版社，2015，第 196~197 页

插花节

楚雄一带的彝族则把二月初八日叫作“插花节”，而节日起源是为了怀念美丽勇敢、舍己救人、为民除害的彝族姑娘米依鲁。每年二月初八这天，方圆数十里的彝族人们都到昙华山上采摘鲜花，在寨口搭起花牌坊，编成花环挂在门上，鲜花插遍路边、树旁，插遍门楣、房角、畜厩、牛角。青年男女用赠送鲜花（的方式）选择心上人，将花插在心上人的头上，表达爱情。老人、孩子带上米酒和野味佳肴，举杯畅饮。相沿成习，流传至今。

——摘自邢莉、季诚迁编著《少数民族节日》，中国社会出版社，2006，第 149 页

阔时节

阔时节即过年节，这是德宏傈僳族最隆重的一个传统节日。……现在的阔时节活动，主要是在德宏州盈江县举行。因为盈江县是德宏傈僳族居住比较集中的地方，傈僳族人口占了整个德宏傈僳族人口的一半以上。在县城以东不远处有座允燕山，在山顶上建有一座傈僳族阔时节的标志塔“木多依”，“木多依”的意思为“顶天立地的大柱”。……每年的阔时节，在农历初九这一天，傈僳族群众身着节日盛装，从四面八方汇聚到允燕山，相聚在“木多依”下，白天举行各种活动，如抛叶球、射弩打靶，跳欢快的三弦舞、芦笙舞。入夜，则照样要“跳嘎”，唱《阔时目刮》，即《过年调》。这是一部流传久远的傈僳族叙事长诗，经整理，1964 年在《德宏团结报》傈僳文版发表过，全文共 5 700 行。其内容包括三个部分：一是渲染气氛，表现傈僳族以举行阔时节的方式，祈求得到天地神灵和祖先的保佑；二是歌唱劳动生产，表达对幸福生活的向往；三是赞颂坚贞不渝的爱情。

——摘自焦丹主编《德宏世居少数民族宗教信仰及传统节日概观》，云南大学出版社，2014，第 150~151 页

祥禽瑞物

——中国少数民族吉祥纹饰摘录

雁鹅纹

苗族服饰纹样。贵州台江施洞地区苗族服饰上经常表现这种纹饰，台江巫脚交服饰银器上也有表现。雁鹅，在台江巫脚交一带苗族神话里，被视为母祖大神。……雁鹅曾是中国南方上古时代的图腾之一，在台江苗绣中地位也很高，被视为能招龙的水鸟。在台江一带几个苗族支系的民俗活动中，凡遇干旱或发生火灾，寨子里举行“招龙”祭祀时，就抱着雁鹅去“招龙”，苗族把家庭饲养的鹅同天上的雁视为同类，名雁鹅。

——摘自徐海荣主编《中国服饰大典》，华夏出版社，2000，第 136 页

蛇图案

蛇图案在花瑶挑花艺术中占有很大的比重，这种崇蛇习俗可溯至远古时代。瑶族先民长期深居山林，温湿多雨的环境适合蛇类生息繁衍。蛇类蜕皮一次便生长一次，这种再生能力使古代瑶民认为蛇是一种灵物，而且蛇长寿、能游水、能上树、能钻地，所以蛇成了瑶族人崇拜的图腾。瑶族挑花中蛇的图式有上百种之多，如训子蛇、比势蛇、树蛇、相交蛇、双头蛇、群蛇聚首、双蛇戏珠等等。其中最具特色的是蛇身（或龙身）人首造型图案，如相交蛇，画面绣两蛇相缠且能分雌雄，蛇头相聚部分又组合成人的头像，反映了花瑶的崇蛇意识，也赋予了人性化的内容。

——摘自贺琛编著《中国女红》，古吴轩出版社，2009，第 112 页

蜘蛛纹

蜘蛛纹是侗族最别具一格的吉祥物，也是侗锦中应用最多、变化最丰富的纹样。在侗乡因为流传有侗族的始祖是蜘蛛的传说，人们至今还崇拜蜘蛛。蜘蛛来源于侗族崇拜的萨神。“萨巴隋娥”萨神的真身是一只大蜘蛛。蜘蛛纹在侗锦中比较普遍，南北侗乡均有所见，表现的形式也各种各样，既有抽象符号，也有接近真实形象的图纹和有花卉图案结合变化出的纹样。……蜘

蛛文化在侗乡随处可见，大到模仿蜘蛛结网结构，在建筑上运用的有鼓楼，在建寨上运用的则为防御系统严密的侗寨布局；小到在小孩在身上挂一个蜘蛛包或在背带上绣上蜘蛛纹，作为儿童辟邪、保魂的保护神。随不同的创作者，蜘蛛呈现着或具象、或抽象，或严肃、或童趣，或颜色单一、或用色柔美的多种风貌。母亲们将蜘蛛形象简化、童趣化、用色柔美化，绣入婴儿背带上，祈望吉祥神守护着孩子健康顺利地成长。

——摘自要文瑾：《湖南通道侗锦·粟田梅》，海天出版社，2017，第 66~67 页

金鸡纹

金鸡是古代神话传说中的神鸡，旧题汉东方朔《神异经·东方经》："扶桑山有玉鸡，玉鸡鸣则金鸡鸣，金鸡鸣则石鸡鸣，石鸡鸣则天下之鸡悉鸣。"古时云南地区流传"金马碧鸡"神话，云南昆明市东有金马山，西南有碧鸡山，二山皆有神祠，相传汉时于此祭金马碧鸡之神。……碧鸡神话反映出西南民族古老的鸡崇拜。鸡曾是西南少数民族白族的一种图腾崇拜。……白族把崇拜的鸡称为"金鸡"。金鸡作为吉祥物，象征光明吉祥、驱妖镇邪。其纹样多用于刺绣、剪纸、木雕、石雕中。壮族也以金鸡为吉祥物，在民间文学作品中，金鸡象征美丽的初恋少女。

——摘自祁庆富编著《中国少数民族吉祥物》，四川民族出版社，1999，第 54~55 页

虎纹

彝族《梅葛》等中不仅认为虎是彝族的图腾，还把虎描述为万物之源。彝族称虎为"罗"……古代彝族，大多自称"罗罗"。《山海经•海外北经》载："有青兽焉，状如虎，名曰罗罗。"因此，罗罗意为"虎人"或"虎族"。……彝族既认为自己生为虎族人，死后亦还原为虎，故视虎为祖先的化身。而祖先是保佑子孙后代的，他们同样将虎作为保护神。……哀牢山区的"罗罗"，过去每家均供奉一幅巫师绘制的祖先画像，彝族称此为"涅罗摩"，意为母虎祖灵，以表示自己的祖先是虎母。过去，彝族巫师、首领披虎皮，以象征虎族。南诏以虎皮为礼服，据樊绰《蛮书》卷七载，"大虫（虎），南诏所披皮"。《新五代史·四夷附录》说，贵州彝族先民"首领披虎皮"。凡此说

明，古时彝族认为自己是虎的子孙，与虎有血缘关系，因而披虎皮象征自己是虎族。

——摘自崔明昆等编著《中国西部民族文化通志·生态卷》，云南人民出版社，2017，第 339~340 页

鸟纹

“鸟服卉章”是苗装纹饰在历史上留下的亮丽的记载，说明苗族鸟纹造型有悠久的历史。鸟纹是苗族纹饰中使用区域广泛、造型丰富的纹饰之一。在苗族三大方言区中都有其发育成型的代表。湘西方言区的凤凰、花垣、松桃一带的衣饰、裤脚绣、印染、蜡染被面等有大量的鸟纹，造型多为平面剪影式，写实性的比较多，并与折枝花卉等配成图纹。川黔滇方言区以安顺普定一带“花苗”支系的鸟纹为代表，有两种突出的造型，其完成的鸟纹，呈几何形状，有长长的尾羽，鸟身是以挑花技法完成的平面视角造型，两翅对称张开作飞翔状，头顶长出一天羽，如孔雀头形状。……在今天的苗族构成中，有一支或数支苗族的先民在远古时代把鸟作为图腾，因而才有今天丰富的鸟纹饰造型。

——摘自杨正文：《苗族服饰文化》，贵州民族出版社，1998，第 175~180 页

龙犬纹

据瑶族历史文献《过山榜》记载，瑶人始祖盘瓠是评王的一只龙犬，在评王与高王之战中咬死高王而立功，与评王的三公主成婚，生下六男六女，传下十二姓瑶人。为此，瑶族的许多支系至今把盘瓠作为本民族的图腾，不仅千方百计地按传说中五彩斑斓的龙犬之形装扮自己，还将龙犬形象织绣于衣装上。明《桂海志续》云：“用五彩缯锦缀于两袖，前襟至腰，后幅垂至膝下，名狗尾衫，示不忘祖也。”

——摘自刘红晓编著《广西少数民族服饰》，东华大学出版社，2012，第 62 页

白象纹

白象是传统的瑞兽，也是傣、阿昌、藏等族崇尚的吉祥物。白象是古代帝王的瑞应物，梁孙柔之《瑞应图》:“白象，王者政教行于四方，则白象至。王者自养有道，则白象负不死之药来。”……藏族有“财神牵象”吉祥画，绘行脚僧牵着满载珍宝的大象。行脚僧为财神毗那夜迦的化身，白象是他的坐骑。此画多作寺院大殿抱厦、旧时贵族住宅、喇嘛居室的壁画。象征招财进宝。傣族驯养大象的历史源远流长，汉时被称为“乘象国”。……傣族每逢喜事都要舞白象庆贺。舞蹈象征白象给人间带来幸福吉祥。阿昌族白象舞原用于佛教礼祀活动，今以此舞庆祝节日，祝福吉祥如意。傣、阿昌族佛寺壁画及织锦中多见白象纹。

——摘自祁庆富编著《中国少数民族吉祥物》，四川民族出版社，1999，第76~78页

植物纹

苗族植物纹取自日常生活所见之石榴、桃、李、荷、葫芦、向日葵、鸡冠花、浮萍、水草、野菊、蕨叶及山野中的无名花草，取其枝、叶、茎、花和藤条。湘西、黔东一带的衣肩、衣袖、衣襟及裤脚、围腰等就大量采用花卉折枝，以桃李、牡丹、玫瑰、芙蓉、金瓜、石榴、水藻等为主。其中，不同的苗装款式，题材稍有差异，但总的风格是相似的。黔东南地区花卉纹饰主要以配纹出现在画面上，台江施洞一带的两袖、围腰中央多以织花龙图或刺绣动物图为中心，两边则以折枝花卉配饰，形成一幅丰满完整的图案。丹寨、黄平等地的蜡染也同样以花卉纹饰配图，与蝙蝠、蝴蝶或其他主题纹饰构成图纹。雷山、凯里一带盛装多以石榴、桃花等花卉纹与龙、蝶等配图。

——摘自杨正文：《苗族服饰文化》，贵州民族出版社，1998，第190页

梨花纹

丹寨“白领苗”对梨花纹样有着特殊的喜爱。相传苗族的先祖在躲避灾害的迁徙途中精力耗尽，曾到过一个叫梨花坳的世外桃源，那里漫山遍野全是梨树，先祖路过时恰逢梨花盛开之时。看到如此生气勃勃的梨花，苗族先祖们被欣欣向荣的气象感染了，也增强了对继续生活下去的信心。因此，梨花就成为“白领苗”尤为喜爱的蜡染纹样。“白领苗”给小孩穿饰有梨花纹的蜡染衣装，保佑其可以平安健康成长。

——摘自周莹：《蜡去花现：贵州少数民族传统蜡染手工艺研究》，中央民族大学出版社，2013，第149~150页

杉树纹

侗族崇杉树，侗锦中常见杉树纹。传说萨岁（侗族的万物起源始祖）在洪水时期曾派燕子过海取杉树种子。燕子取得杉树种子后，提出要求与人同住一栋屋，所以现在燕子筑巢在房梁上而不遭驱赶。……侗族崇杉，敬其直道，人们至今还喜欢用杉树来比喻人的性格耿直。在大自然千百种树木中，侗族只习惯用杉树建造住房和制作各种家具。现在，贵州天柱县的侗家，还有栽“十八杉”的风俗。……侗族的这种好风俗，既绿化了荒山秃岭，也解决了男婚女嫁开支的难题，无论贫富，每个男女成长后，都有一份丰厚的婚嫁经费。

——摘自要文瑾：《湖南通道侗锦·粟田梅》，海天出版社，2017，第 64 页

角纹

角纹是苗族纹饰中一个十分突出的纹饰。它一方面作为纹饰在苗族织、绣和蜡染中大量运用，另一方面则以角的形状直接运用在银饰器物、发型方面的造型。苗族角纹造型有水牛角、羊角和鹿角等，以水牛角为主，其他动物角极少出现。台江、雷山一带绣品、织品上的角纹基本上是写实性的，是水牛角、羊角和鹿角的纹饰化。……角纹的使用与苗族的远古文化和日常生活中的牛崇拜有密切的关联。苗族先民生活在中原地区、江汉流域的时候，已经掌握了农业生产技术，学会了驯化耕牛，牛耕成为他们生活的重要基础。……苗族角纹饰源于对牛的崇敬，具有宗教、祭祀和祈求财富的象征意义。

——摘自吴安丽主编《黔东南苗族侗族服饰及蜡染艺术》，电子科技大学出版社，2009，第 188~191 页

铜鼓纹

这是苗族民间蜡染中最古老的纹样。铜鼓是一些少数民族极为尊崇的重器，古时祭祀、娱乐和征战中使用。对铜鼓的尊重，意味着对祖先的缅怀和崇拜。宋代朱辅在《溪蛮丛笑》中就说：“溪峒爱铜鼓甚于金玉。”相传蜡染的纹样很多取材于铜鼓纹。清代张澍在《黔中纪闻》中说：“僚有斜纹布，名顺水纹，盖模取铜鼓纹以蜡刻板印布。”这种纹样在传承中虽有变化，但铜鼓的中心花纹在蜡染中还是常见。这种中心花纹，实际上就是太阳纹，在圆形外辐射光芒。“太阳崇拜”早在原始社会就出现了，至今还有不少少数民族仍认为太阳是万物之源，万物向着太阳才有生机。在苗族白苗支系的蜡

染中，太阳纹更为常见。

——摘自杨继渊：《从武定走进苗族历史文化》，云南民族出版社，2015，第 122 页

吉祥八宝

吉祥八宝，既是佛教符号中最著名的一组符号，也是藏族世俗社会中最普遍使用的吉祥符号。其传统排列为：宝伞、双鱼、宝瓶、妙莲、法轮、胜利幢、右旋海螺、吉祥结。它是利用复合的方法将这几种事物有机组合在一起，并赋予佛教内在的精神理念，通过艺术的加工和意象形式的表现方法，来体现事物及其附在事物上的意义。藏传佛教将这八大象征物看成佛陀身体的组成部分："宝伞代表佛陀之头部；双鱼代表佛陀之双眼；宝瓶代表佛陀之颈部；妙莲代表佛陀之舌头；法轮代表佛陀之双足；胜利幢代表佛陀之身；右旋海螺代表佛陀之语；吉祥结代表佛陀之意。"……吉祥八宝图案，除了八宝图案的组合方式外，还有单个图、双组合图；它是通过唐卡、壁画、雕塑等艺术形式来表达佛教内在的吉祥意识，常见于藏区的寺院建筑、民居建筑，以及诸多精美的器物之上，它是展现藏族艺术装饰和内在理念的一组重要符号。

——摘自罗桑开珠：《藏族文化通论》，中国藏学出版社，2016，第 583~584 页

匠心独运

——中国少数民族服饰制作工艺摘录

苗族银饰锻制技艺

苗族银饰锻制技艺主要有錾刻和编结两种。根据錾刻或编结工艺的需要，银匠先把熔炼过的白银制成薄片、银条或银丝，一件银饰少则需要十多道、多则需要三十多道工序才能完成，包含铸炼、捶打、錾刻、焊接、编结、洗涤等环节。总体而言，錾刻工艺的银饰，银料多以实心的块或面材模压而成，呈现厚重的造型，在银片上錾刻精美的纹饰；编结工艺的银饰，银料是将银条拉丝而成，通过编丝呈现各式线状的纹饰，玲珑剔透。……苗族银匠善于从妇女的刺绣及蜡染纹样中汲取创作灵感，并吸收了许多汉文化的纹样，他们根据苗族各支系的传统习惯、审美情趣，对细节或局部的刻画注重推陈出新。工艺上的精益求精，使苗族银饰日臻完美。

——摘自戴莛、杨光宾编《苗族银饰》，中国轻工业出版社，2016，第 33~34 页

傣族织锦

傣锦是一种古老的传统手工纺织品，图案是通过熟练的纺织技巧创造出来的，多是单色面，用纬线起花。织造时将花纹组织用一根根细绳系在“纹板”上，用手挡脚蹬的动作使经线形成上下两层后开始投纬，如此反复循环便可织成十分漂亮的傣锦。……傣族人早在唐宋时期就会用棉线和丝线织傣锦。南诏时期，地方官员把傣锦作为上贡朝廷的礼品。傣锦织工精巧，图案别致，色彩艳丽，坚牢耐用。多以白色或浅色为底色，以动物、植物、建筑、人物等为题材，所织孔雀、骏马、龙、凤、麒麟、大象、塔等图案，分别代表着吉祥、力量和丰收；宝塔、寺院、竹楼，寄寓对美好生活的追求。这些寓意深远五彩斑斓的图案，充分显示了傣族人民的智慧和对美好生活的向往。

——摘自国家民委文化宣传司组织编写《国家级少数民族非物质文化遗产集解》，中央民族大学出版社，2014，第 351~352 页

少数民族灰染

自宋代开始，蓝印花布的生产中心由原来的中原向南、西南地区转移。蓝白色棉布印花在西南民族地区逐渐发展并形成特色产品。例如，盛产于广西地区的“瑶斑布”工艺，这种染布方法是将夹染与蜡染两种工艺进行了结合，瑶人先用镂空版夹住布，然后在花版镂空处灌注融化的蜡液以起到防染作用，染好色后再用水煮掉蜡即可出花。我国少数民族仍旧喜爱雕版制作“药斑布”。例如，水族人民独特的“豆浆印染”技术，有着悠久的历史。另外，在贵州省平塘、罗甸、独山、三都等布依族地区，也流行豆浆染印花工艺。……布依族常用此种方法印染头帕、枕巾、被面、门帘等，常见图案有铜鼓、凤凰、仙鹤、虫鱼、花草等。

——摘自周莹：《中国少数民族服饰手工艺》，中国纺织出版社，2014，第 70~71 页

枫脂染

居住在贵州麻江、都匀地区的长衫瑶、青瑶和广西桂林龙胜地区的红瑶，至今仍保留着一套古老的、完整的“枫脂染”加工工艺。所谓“枫脂染”，就是以枫树树脂和牛油按质量比为 1 ∶ 1 的比例混合熬煮而成。以削尖的竹刀蘸枫脂液在织物上描画，制成美丽的“枫脂染”服饰品。……贵州麻江瑶族枫脂染广泛应用在生活中，如被面、头巾、背扇、包被、口水兜、童装花衣、盛装、便装、包袱巾、围裙等。广西桂林龙胜地区红瑶枫脂染，主要运用在本民族的百褶裙上。

——摘自刘红晓编著《中国少数民族服饰文化与传统技艺·瑶族》，中国纺织出版社，2019，第 166 页

苗族锁绣

苗族服饰工艺。锁绣是中国刺绣中的一种古老工艺，早在春秋战国以前已盛行。目前从湖北江陵出土的楚墓贵夫人的服饰上，已经看出锁绣技巧的成熟运用。锁绣技法，在黔东南苗族侗族自治州的几个苗族支系中不仅广泛运用于服饰装饰，且已与多种刺绣技法结合，得到进一步发展。……锁绣由原始的单色单线锁扣，发展到苗绣中成勾勒花样轮廓的锁边，以及现代广泛运用于服饰的锁边，说明了古老的锁绣的生命力。

——摘自徐海荣主编《中国服饰大典》，华夏出版社，2000，第 126 页

锡绣

锡绣是苗族刺绣中一种方法独特的刺绣种类，在贵州省剑河县清水江沿岸的50多个苗族村寨采用这种绣法，主要用在盛装的背褡和前后裙片或围腰上。……锡绣的图案主要有勾连、卍字、王字、牛鞍花、秤钩、小人头、耙纹和尺纹等纹样，其布局以二方连续、四方连续为主要形式。通常都是在挑花纹样的基础上，再嵌锡条形成立体、连续的花纹，工艺技法独特，是苗家独有的工艺技法。锡绣技艺是苗家祖辈传承下来的，一代代口耳相传，由母亲传给女儿、婆婆传给媳妇。苗寨人家还留存着学习绣花的绣模，由上辈传给孩子，使锡绣技艺可以很好地传承下去。

——摘自许星、廖晨晨：《中国少数民族设计全集·苗族》，山西人民出版社，2019，第594~595页

挑花

挑花亦谓挑纱和数纱，属刺绣工艺之一，各地苗族均有运用。它的基本针法有平挑、十字挑两种。采用的花线有深蓝色和水红色，也有橙黄色套以其他杂色。挑花与刺绣不同，它是以平布作底，挑制时，先用线勾出轮廓，再按图案隔一根纱或几根纱插针，不能错乱，而且多是背面挑正面看。花纹图案均匀对称，一般是几何纹及变形动植物纹样，常常是纹形不同的几小朵共拼成一大朵，外套菱形方格。其中以贵州的贵筑（贵阳市郊区）、织金等县最精，极负盛名。其他地方如湘西型；川黔滇型的文山、红河、马关等县市；黔中南型的贞丰等县；黔东型的黄平等县市的苗族，她们都是平挑的手法，但在色彩与风格上各异。

——摘自龙光茂编著《中国苗族服饰文化》，外文出版社，1994，第101页

贴花

贴花、补花、堆花均属同一类型工艺。其制作方法是将各种色布缎子或彩色丝片剪成所需要的花纹图案，拼缝在服装或生活用品上。织补工艺构图灵活，富有立体感。……苗族服饰中较有代表性的是：湘西的凤凰县、黔东北的松桃县的云肩，黔东南台江县的堆花衣，滇东南丘北县的贴花衣……

——摘自龙光茂编著《中国苗族服饰文化》，外文出版社，1994，第102页

拼布

拼布，是指有意将零碎布料缝合拼接为规则或不规则的图案，而组合构成的布块。拼布是一种独特的艺术形式，一种普遍的服饰装饰现象。它利用多种不同色彩（如花色和素色）、不同图案、不同肌理的材料拼接成有规律或无规律的图案做成服装，或是用同种材料裁开再拼接，形成另一种独特的装饰效果。拼接处可以是平接，也可以在接缝处有意作凹、凸的处理。

——摘自周莹：《中国少数民族服饰手工艺》，中国纺织出版社，2014，第 162~163 页

镶

“镶”，……从其动词词性上看，也有三种意思：一为与镶嵌物相嵌或相配合之意；二为镶绲，即在衣服边缘加一道边，加宽边叫镶，加窄边叫绲；三为修补之意。在服饰制作之中，“镶”取其动词“镶绲”之意。……镶边可分为条镶和块镶两种。条镶，即用条状的装饰物作为镶边材料来装饰衣物的一种装饰工艺方法。条镶按照装饰材料的种类可分为布条镶和花边条镶；按照缝制的位置分边条镶和条镶；按照装饰布条的多少又可分为单条镶和多条镶；块镶，主要是指用长方形、方形、圆形、三角形、多边形的镶饰物来进行镶饰的工艺手段。

——摘自周莹：《中国少数民族服饰手工艺》，中国纺织出版社，2014，第 179 页

绲

“绲”，……从其动词词性看，其意也有二：一为用带子保护、加强或装饰；二为用彩带或花边装饰。在服饰制作当中，“绲”取其动词之意，是一种缝纫方法，沿着衣服的边缘缝上布条、带子等，也称“绲边”。绲边主要用于衣服的领口、领圈、门襟、底边、袖口与裙边等部位的边缘，既可以用来装饰，同时也是加固服装的一种手段。……镶绲边不仅是汉族传统服饰的主要装饰工艺之一，而且在少数民族服饰当中应用甚广。例如，蒙古族较为擅长利用镶绲工艺。其镶绲装饰常用于衣、帽、靴等服饰……蒙古族镶绲边的色彩构成因男女老少的差别而各有不同，其中妇女服饰的镶绲装饰较为华丽，而老年服饰的镶绲装饰较为朴素。

——摘自周莹：《中国少数民族服饰手工艺》，中国纺织出版社，2014，第 184~186 页

编结

编结盘绕是以绳带为材料，将其编结成花结钉缝在衣物上或将绳带直接在衣物上盘绕出花形进行缝制，是少数民族服饰手工艺中的组成部分之一。这种装饰形象略微凸起，具有类似浮雕的效果。……民族地区有用线缀饰流苏和编结盘扣的传统。西南地区壮族、黎族妇女的头巾和瑶族、土家族的围腰也常缀以流苏。盘扣，又称“盘纽”，是传统满族服装使用的一种纽扣，扣子是用称为“襻条”的折叠缝纫的布料细条回旋盘绕而成。布料细薄的盘扣可以内衬棉纱线，而做装饰花扣的袢条一般会内衬金属丝，以便固定造型。……编结盘绕工艺难度较大，要做得平整、流畅需要一定的技巧。

——摘自周莹：《中国少数民族服饰手工艺》，中国纺织出版社，2014，第167~168页

缀物

缀物是将不同的实物巧妙地通过刺绣联结起来的一种服装手工艺，将颗粒状物缀钉在织物上，通常缀的有宝石、珍珠、珊瑚珠、琉璃珠之类。不同质地、不同形象的缀物相互产生的反差与映衬，使得刺绣作品的视觉外观更加丰富、绚丽。……少数民族服饰中缀物的工艺应用颇为广泛。例如，苗族妇女的锡绣很有特色，又称为“剑河锡绣”，因位于清水江中游剑河县内而得名。锡绣围裙是用边长在约1.5毫米有孔的方形锡片，连缀绣在深蓝色面料上，银灰色的锡片在深蓝色底布的映衬下，古朴而明亮，其纹样为几何形，如“万字纹”或“寿字纹”等。……类似的缀物工艺，在少数民族服饰当中数不胜数。

——摘自周莹：《中国少数民族服饰手工艺》，中国纺织出版社，2014，第168~169页

火草布纺织

火草布是云南少数民族有特色的一种布料，它最早记载于明代的文献。明《滇略·产略》引《南诏通纪》说：“兜罗锦，出金齿木邦甸。又有火草布。草叶三四寸，蹋地而生。叶背有锦，取其端而抽之，成丝，织以为布，宽七寸许。可以为燧取火，故曰火草。然不知何所出也。”……火草是箐沟中生长的一种植物，古代用燧石撞击取火时，多用为引火的易燃物。火草的叶背为白色纤维，捻为线后，可织成布，多为与麻混织，也有与棉混织的。……织出的火草布较窄，要多块拼接，方能为衣。其色白，多制作为外衣、裙子等。这种布的特点是很柔软，穿上它相当凉爽，很适于夏季的穿着。……火草布做出的衣服线条明快，朴质大方，很受纳西族妇女的欢迎。

——摘自李晓岑、朱霞：《云南民族民间工艺技术》，中国书籍出版社，2005，第189~191页

彝族白倮支系蜡染（男上衣）三件套
1465mm×800mm
棉布
云南
第 33 页

白领苗左衽大襟蜡染女上衣（一）
1360mm×780mm
亮布
贵州
第 38 页

白领苗左衽大襟蜡染女上衣（二）
1320mm×750mm
亮布
贵州
第 42 页

苗族镶银黑底女盛装
1250mm×880mm
棉布、银等
贵州
第 44 页

苗族修身鸟纹刺绣百鸟衣
1280mm×1250mm
羽毛、珍珠、丝线等
贵州
第 48 页

苗族宽身龙纹刺绣男子百鸟衣
1720mm×1450mm
羽毛、珍珠、丝线等
贵州
第 52 页

侗族窄腰亮布上衣
755mm×645mm
亮布
贵州
第 56 页

布朗族黑底红色横条纹女腰裙
1050mm×600mm
棉
云南
第 59 页

苗族蓝染木耳边百褶裙套装
800mm×450mm
棉麻布
贵州
第 60 页

苗族数纱绣女上衣（一）
1210mm×810mm
花缎、棉布等
贵州
第 62 页

苗族数纱绣女上衣(二)
1210mm×740mm
花缎、棉布等
贵州
第 64 页

苗族剖丝绣女上衣
1160mm×910mm
绒布、亮布等
贵州
第 67 页

苗族亮布破丝堆绣对襟短袖女上衣（一）
1050mm×880mm
亮布
贵州
第 70 页

苗族亮布破丝堆绣对襟短袖女上衣（二）
1000mm×900mm
亮布
贵州
第 72 页

歪梳苗蜡染女上衣
1270mm×570mm
棉布
贵州
第 74 页

花苗刺绣女上衣
1360mm×550mm
棉布
贵州
第 77 页

苗族对襟女套装
1150mm×600mm
缎、蚕锦等
贵州
第 80 页

中堡苗刺绣粘膏染盛装女上衣
1220mm×730mm
棉布
广西
第 83 页

四印苗盛装女上衣
1050mm×820mm
棉布
贵州
第 85 页

革家蜡染女子盛装
1750mm×550mm
棉布
贵州
第 86 页

苗族蜡染上衣
1110mm×820 mm
棉麻
贵州
第 88 页

布依族蜡染女式套装
1100mm×500mm
棉布
贵州
第 91 页

苗族对襟开衫马甲
580mm×470mm
棉布
贵州
第 93 页

苗族花带围裙
900mm×530mm
绒布
贵州
第 94 页

苗族围腰
2200mm×740mm
棉
贵州
第 96 页

苗族十字绣背扇
550mm×440mm
棉麻
贵州
第 98 页

水族马尾绣背扇（无带）
1040mm×550mm
棉麻、马尾等
贵州
第 100 页

水族马尾绣背扇（有带）
1650mm×960mm
棉麻、马尾等
贵州
第 102 页

苗族凤尾银冠
300mm×280mm
×720mm
银
贵州
第 104 页

苗族银花大平帽
250mm×220mm
×210mm
银
贵州
第 108 页

苗族腰子形银压领
500mm×260mm
×30mm
银
贵州
第 110 页

苗族链型绞丝麻花
银项圈
500mm×260mm
×60mm
银
贵州
第 112 页

侗族双龙狮戏珠
银压领
650mm×260mm
×35mm
银
贵州
第 114 页

苗族圈型龙纹錾花
银项圈
310mm×300mm
×45mm
银
贵州
第 116 页

苗族十二生肖纹七穿
银排圈
240mm×230mm
×25mm
银
广西、云南等
第 118 页

苗族乳钉纹银项圈
230mm×190mm
×25mm
银
贵州、云南等
第 122 页

苗族乳钉龙纹银项圈
290mm×280mm
×35mm
银
贵州、云南等
第 124 页

錾花透空龙纹银项圈
250mm×240mm
×20mm
银
贵州、云南等
第 125 页

苗族龙纹银项圈
480mm×400mm
×40mm
银
贵州
第 126 页

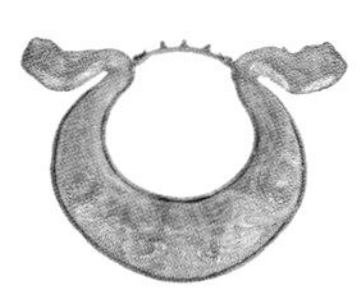

龙形錾花银项圈
350mm×280mm
×45mm
银
贵州、云南等
第 128 页

壮族錾花浮雕动物纹
银项圈
300mm×300mm
×30mm
银
广西等
第 130 页

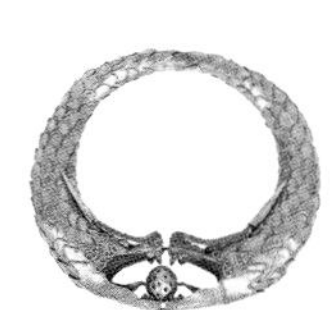

水族双龙抢宝银压领
290mm×270mm
×40mm
银
贵州
第 132 页

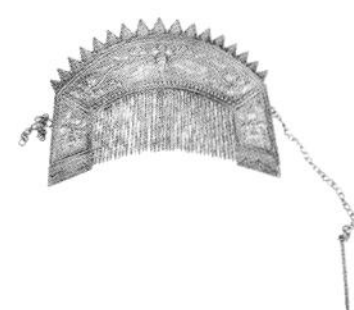

苗族锥状外延银木梳
145mm×100mm
×20mm
银、木
贵州
第 136 页

苗族卷曲龙形链式银簪
210mm×45mm
×45mm
银
贵州
第 138 页

苗族爪形链式银簪
280mm×40mm
×40mm
银
贵州
第 140 页

侗族竹节乳钉银耳环
70mm×70mm
×10mm
银
贵州
第 142 页

苗族灯笼吊穗银耳环
70mm×30mm
×20mm
银
贵州
第 143 页

苗族动物纹浮雕银手镯
75mm×75mm
×30mm
银
贵州
第 144 页

苗族乳钉纹手镯
85mm×70mm
×40mm
银
贵州
第 146 页

苗族炸珠宽边银手镯
95mm×85mm
×45mm
银
贵州
第 148 页

苗族焊花镂空乳钉纹
银手镯
110mm×90mm
×45mm
银
贵州
第 149 页

苗族对称动物纹银手镯
85mm×65mm
×70mm
银
贵州
第 150 页

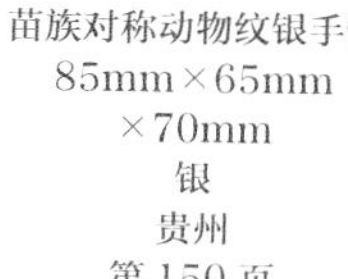

苗族吉祥纹饰银手镯
75mm×70mm
×8mm
银
贵州
第 152 页

革家红缨珠帽（一）
40mm×40mm
×320mm
棉布
贵州
第 153 页

革家红缨珠帽（二）
140mm×140mm
×260mm
棉布
贵州
第 154 页

侗族盛装头饰
250mm×250mm
×350mm
羽毛、棉布等
贵州
第 155 页

苗族鼓藏节节庆纹饰绣片
540mm×400mm
棉布
贵州
第 156 页

苗族鼓藏节祭祀图案绣片
310mm×260mm
棉布
贵州
第 159 页

苗族麒麟送子纹饰绣片
320mm×270mm
棉布
贵州
第 161 页

苗族征战纹饰绣片（一）
640mm×400mm
棉布
贵州
第 162 页

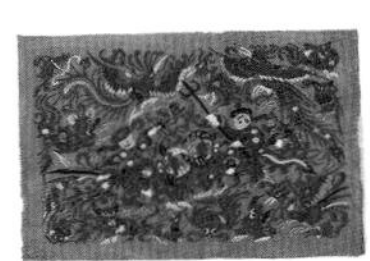

苗族征战纹饰绣片（二）
580mm×400mm
棉布
贵州
第 164 页

苗族过江纹饰绣片
610mm×480mm
棉布
贵州
第 166 页

苗族传统婚嫁纹饰绣片
330mm×270mm
棉布
贵州
第 168 页

苗族矩形五彩纹饰绣片
650mm×330mm
棉布
贵州
第 170 页

苗族蓝底鱼龙纹绣片（一）
270mm×220mm
棉布
贵州
第 172 页

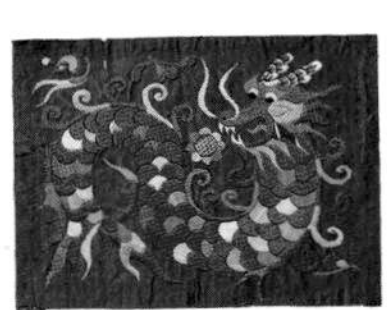

苗族蓝底鱼龙纹绣片（二）
290mm×230mm
棉布
贵州
第 174 页

苗族蓝底鱼龙纹绣片（三）
290mm×240mm
棉布
贵州
第 176 页

苗族红底牛角鱼龙纹绣片
280mm×240mm
棉布
贵州
第 178 页

苗族红底鱼龙纹绣片（一）
280mm×270mm
棉布
贵州
第 180 页

苗族红底鱼龙纹绣片（二）
240mm×220mm
棉布
贵州
第 182 页

苗族红底盘旋鱼龙纹绣片
290mm×210mm
棉布
贵州
第 186 页

苗族红底蝴蝶人物纹绣片
290mm×220mm
棉布
贵州
第 188 页

苗族二龙抢宝绣片
560mm×490mm
棉布
贵州
第 190 页

苗族龙船五彩纹饰绣片
330mm×270mm
棉布
贵州
第 192 页

苗族红底龙船纹绣片（一）
330mm×290mm
棉布
贵州
第 194 页

苗族红底龙船纹绣片（二）
320mm×260mm
棉布
贵州
第 198 页

苗族红底龙船纹绣片（三）
320mm×320mm
棉布
贵州
第 200 页

苗族红底龙船纹绣片（四）
350mm×320mm
棉布
贵州
第 202 页

苗族龙船节庆典纹饰绣片
540mm×400mm
棉布
贵州
第 204 页

苗族粉底稻作纹饰绣片
290mm×210mm
棉布
贵州
第 208 页

苗族棕底数纱几何
花卉纹绣片
440mm×410mm
棉布
贵州
第 210 页

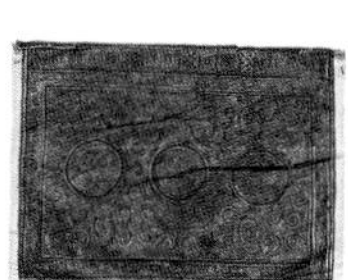

苗族蜡染绣片
350mm×270mm
棉布
贵州
第 212 页

参考文献

1. （梁）沈约．宋书 [M]. 北京：中华书局，1974：791.
2. （宋）郭若虚，邓椿．图画见闻志 画继 [M]. 王群栗，点校．杭州：浙江人民美术出版社，2019：146.
3. （清）徐家干．苗疆闻见录 [M]. 吴一文，校注．贵阳：贵州人民出版社，1997：171.
4. （清）张廷玉，等．明史 [M]. 北京：中华书局，1974：1636.
5. 崔明昆，等．中国西部民族文化通志·生态卷 [M]. 昆明：云南人民出版社，2017：339-340.
6. 戴茳，杨光宾．苗族银饰 [M]. 北京：中国轻工业出版社，2016：33-34.
7. 郭锐．走近中国少数民族丛书·佤族 [M]. 沈阳：辽宁民族出版社，2015：196-197.
8. 国家民委文化宣传司．国家级少数民族非物质文化遗产集解 [M]. 北京：中央民族大学出版社，2014：351-352.
9. 贺琛．中国女红 [M]. 苏州：古吴轩出版社，2009：112.
10. 胡洪．西南少数民族服饰纹样文化探析 [J]. 中国民族博览，2020（9）：20.
11. 湖南省少数民族古籍办公室．侗款 [M]. 长沙：岳麓书社，1988：421-422.
12. 胡起望，项美珍．中国少数民族节日 [M]. 北京：商务印书馆，1996：28.
13. 黄健，翁志实．传统节日 [M]. 福州：福建科学技术出版社，2010：90，104-105，125-126.
14. 黄亚琴．从古代蜡染遗存看我国蜡染艺术的起源与发展 [J]. 江苏理工学院学报，2014（3）：38.
15. 季诚迁．少数民族节日 [M]. 北京：中国社会出版社，2006：110，115，149.
16. 焦丹．德宏世居少数民族宗教信仰及传统节日概观 [M]. 昆明：云南大学出版社，2014：150-151.
17. 李富强，白耀天．壮族社会生活史（下卷）[M]. 南宁：广西人民出版社，2013：1031.
18. 李晓岑，朱霞．云南民族民间工艺技术 [M]. 北京：中国书籍出版社，2005：189-191.
19. 李月英，张芮婕．走近中国少数民族丛书·怒族 [M]. 沈阳：辽宁民族出版社，2015：108.
20. 刘红晓．广西少数民族服饰 [M]. 上海：东华大学出版社，2012：62.
21. 刘红晓．中国少数民族服饰文化与传统技艺·瑶族 [M]. 北京：中国纺织出版社，2019：166.
22. 龙光茂．中国苗族服饰文化 [M]. 北京：外文出版社，1994：101-102.
23. 罗桑开珠．藏族文化通论 [M]. 北京：中国藏学出版社，2016：583-584.
24. 吕俊彪．走近中国少数民族丛书·京族 [M]. 沈阳：辽宁民族出版社，2015：82-85.
25. 彭黎明，彭勃．全乐府 3[M]. 上海：上海交通大学出版社，2011：128.
26. 祁庆富．中国少数民族吉祥物 [M]. 成都：四川民族出版社，1999：76-78.
27. 吴安丽．黔东南苗族侗族服饰及蜡染艺术 [M]. 成都：电子科技大学出版社，2009：188-191.
28. 谢青．符号学视角下的西南少数民族图案艺术研究 [J]. 美术研究，2018（2）：110-113.
29. 邢莉．中国少数民族重大节日调查研究 [M]. 北京：民族出版社，2011：47-49.
30. 徐海荣．中国服饰大典 [M]. 北京：华夏出版社，2000：126，136.
31. 许星，廖晨晨．中国少数民族设计全集·苗族卷 [M]. 太原：山西人民出版社，2019：594-595.

32. 要文瑾．湖南通道侗锦・粟田梅 [M]. 深圳：海天出版社，2017：64，66-67.
33. 杨昌儒，陈玉平．贵州世居民族节日民俗研究 [M]. 北京：民族出版社，2009：497.
34. 杨继渊．从武定走进苗族历史文化 [M]. 昆明：云南民族出版社，2015：122.
35. 杨正文．苗族服饰文化 [M]. 贵阳：贵州民族出版社，1998：175-180，190.
36. 易子琳．羌族服饰的特点及其历史探源 [J]. 西华大学学报（哲学社会科学版），2014（4）：11.
37. 张春艳．中国西南少数民族蜡染纹样与工艺史研究 [D]. 上海：东华大学，2016：62-64.
38. 张义明，易宏军．中国传统文化概论 [M]. 西安：西北大学出版社，2019：227.
39. 郑天琪．西南少数民族服装配饰功能与内涵研究 [J]. 美与时代：创意，2020（5）：121.
40. 周梦．少数民族传统服饰文化与时尚服装设计 [M]. 石家庄：河北美术出版社，2009：61.
41. 周莹．蜡去花现：贵州少数民族传统蜡染手工艺研究 [M]. 北京：中央民族大学出版社，2013：149-150.
42. 周莹．中国少数民族服饰手工艺 [M]. 北京：中国纺织出版社，2014：162-163，167-169，179，184-186.
43. 周裕兰．羌族手工纺织文化的历史、技艺和特色价值及保护和传承 [J]. 齐鲁艺苑，2015（4）：83.